杜仲皮(盐杜仲饮片)

杜仲皮(药材)

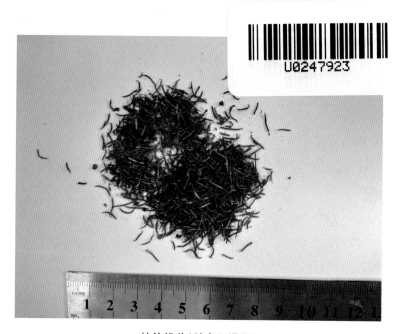

杜仲雄花(杀青干燥品)

杜仲叶(干燥品)

杜仲原植物——杜仲雄花

杜仲原植物——杜仲叶

杜仲 现代研究与临床应用

主　编　袁　颖

副主编　王健英　张　磊

编　委　邢蕴蕴　张　妍　刘　锟　唐利东

上海科学技术文献出版社

Shanghai Scientific and Technological Literature Press

图书在版编目（CIP）数据

杜仲现代研究与临床应用 / 袁颖主编 . —上海：上海科学
技术文献出版社，2020
ISBN 978-7-5439-8178-2

Ⅰ.①杜… Ⅱ.①袁… Ⅲ.①杜仲—研究 Ⅳ.① S567.1

中国版本图书馆 CIP 数据核字 (2020) 第 159974 号

责任编辑：付婷婷　张亚妮
封面设计：袁　力

杜仲现代研究与临床应用
DUZHONG XIANDAIYANJIU YU LINCHUANGYINGYONG
主编　袁　颖　副主编　王健英　张　磊
出版发行：上海科学技术文献出版社
地　　址：上海市长乐路 746 号
邮政编码：200040
经　　销：全国新华书店
印　　刷：昆山市亭林印刷有限责任公司
开　　本：720×1000　1/16
印　　张：10.75
插　　页：1
字　　数：148 000
版　　次：2020 年 9 月第 1 版　2020 年 9 月第 1 次印刷
书　　号：ISBN 978-7-5439-8178-2
定　　价：48.00 元
http://www.sstlp.com

前言

　　杜仲(Eucommia ulmoides Oliver)为杜仲科(Eucommiaceae)植物,本科仅1属1种,是仅存于我国的第三纪孑遗植物,属我国珍稀濒危第二类保护树种。根据科学家对杜仲化石的考察,在6 500万年前,杜仲就在我国浙江东部繁衍,此后也曾出现在北美和欧亚大陆,生长茂盛并形成十余个种类。但由于环境的变化,到第四纪冰期来临时,其他地区的杜仲品种都已灭绝,仅存一个品种在我国留存至今,不得不说是大自然的馈赠。

　　历史记载我国人民很早就开始了对杜仲的认识和利用,并在数千年的医药实践中不断深化发展,积累了宝贵的经验,成为中医药学遗产的重要组成部分。

　　杜仲最早的记载见于汉代。1972年甘肃武威汉墓出土了大量医药木简,根据简牍内容整理的《治百病方》中,治疗"七伤"所致虚劳内伤疾病就开始采用杜仲等补肾药物进行治疗。自《神农本草经》以来的历代本草更是对杜仲有着详细的记述。

　　杜仲的传统药用部位是树皮,亦有杜仲嫩叶和杜仲果实入药的记载。《中国药典》中收录杜仲(皮)、杜仲叶。《中华本草》中收载杜仲、杜仲叶、檽芽(杜仲嫩叶)。

　　杜仲的传统药用功效为补肝肾、强筋骨、安胎,主要用于治疗肝肾不足,筋骨痿软,肾虚阳痿、尿频、小便余沥,风湿痹痛,胎动不安等。

　　现代应用科学技术对杜仲的化学成分进行了分析和研究,发现木脂素类、萜类、黄酮类、多糖是其主要有效成分。临床试验和药理研究发现杜仲具有良好的降血压作用,还有抗炎、镇痛、抗骨质疏松、调节内分泌激素等作用,目前广泛应用于高血压病、心脑血管疾病、骨关节疾病等的治疗。除了杜仲皮之外,杜仲叶也已被列入《中国药典》,杜仲雄花、杜仲籽等正在被不断研究,并在保健食品中逐步应用。

随着杜仲研究的不断深入和现代化技术手段的发展,这一古老树种又焕发出新的光彩,呈现出广阔的开发前景。

本书旨在对历代本草文献中有关杜仲的记载进行梳理,收集和分析杜仲古今复方和临床应用,对杜仲的现代药理和化学研究进展进行总结,并涉及其保健和资源开发利用。以期对杜仲药用进行全面总结和整理。

本书由 2020 年度上海市协同创新中心建设任务:上海中医健康服务协同创新中心(2020 科技 01-01-30);上海市进一步加快中医药事业发展三年行动计划(2018 年—2020 年);"互联网＋中医健康服务"研究与转化平台建设(ZY(2018-2020)-CCCX-2001-01);上海市科学技术委员会科研计划项目:基于 IL-23/IL-17 轴探讨杜仲萜类物质改善骨破坏干预类风湿性关节炎的作用机制(19ZR1452000);国家自然科学基金委员会面上项目:基于类风湿关节炎骨保护探究杜仲不同药用部位的性效机制(81773922)资助。

目 录

第一章

杜仲的历代本草文献研究

　　自我国现存最早的本草专著《神农本草经》开始,历代本草都有杜仲的记载。本书共汇集各时期代表性本草著作 45 部,对其中有关杜仲药名、药性、功效与主治、产地、鉴定、采集、炮制、配伍、用药禁忌等内容进行总结。

　　杜仲的别名主要有思仙、思仲、木棉等(见表 1-1)。其中,思仙、思仲之名主要与杜仲的功效有关,《神农本草经》中记载其:"久服轻身、耐老"。木棉之名主要与杜仲的植物及药材特点有关,其木皮折断后现白丝。《本草纲目》中云:"其皮中有银丝如绵,故曰木棉……江南谓之檰"。《本草崇原》:"杜仲木皮,状如浓朴,折之有白绵相连,故一名木棉"。

表 1-1　杜仲的药名沿革

本草专著	药 名 记 载
汉·《神农本草经》	一名思仙
南北朝·《名医别录》	一名思仲,一名木棉
南北朝·《本草经集注》	一名思仙,一名思仲,一名木棉
唐·《新修本草》	一名思仙,一名思仲,一名木棉
五代·《蜀本草》	一名思仙,一名思仲,一名木棉
宋·《开宝本草》	一名思仙,一名思仲,一名木棉
明·《本草纲目》	思仲(《别录》)、思仙(《本经》),江南谓之檰,时珍曰:昔有杜仲,服此得道,因以名之。思仲、思仙,皆由此义。其皮中有银丝如绵,故曰木棉。其子名逐折,与浓朴子同名

本草专著	药 名 记 载
清·《本草崇原》	杜仲木皮,状如浓朴,折之有白绵相连,故一名木棉。杜字从土,仲者中也,此木始出豫州山谷,得中土之精,《本经》所以名杜仲也。李时珍曰:"有杜仲,服此得道,因以名之谬矣。在唐宋本草或有之矣,《神农本经》未必然也。"

古代本草中杜仲主要指杜仲的树皮。《本草图经》:"初生叶嫩时,采食,主风毒脚气,及久积风冷、肠痔、下血。亦宜干末作汤,谓之檰芽。花、实苦涩,亦堪入药"。由此可见,杜仲的嫩叶、花和果实也有入药,但药用极少。

第一节 杜仲的药性沿革

本书共收集有杜仲药性记载的代表性本草专著 42 部(见表 1-2)。

从阴阳属性看,有 14 部本草记载了阴阳属性。认为其属阳者 8 部,认为其属阴者 2 部,认为阳中有阴者 3 部,认为阴中有微阳 1 部。

从四气看,记载其性温(暖)者 29 部,记载其平者 23 部,只有《药品化义》认为其性凉。可见杜仲的药性应为温或微温。

从五味看,记载其味辛的 38 部,味甘 29 部,味苦 6 部。可见杜仲应为味辛、甘。

从归经看,有明确归经记载的本草共 16 部,其中记载其归足厥阴肝经者 12 部,记载其归足少阴肾经者 12 部。因此,杜仲归肝肾经是历代医家的共识。

从升降浮沉看,记载升降浮沉药性的本草共 13 部,全部都认为杜仲药性沉降。

从毒性看,所有本草均认为杜仲无毒。

从厚薄药性看,有此药性记载的本草共 11 部,多沿袭张洁古的观点,记载其气味俱薄者 9 部,《药品化义》认为"气薄而味厚",《本草述钩元》认为

"气薄味浓"。

从润燥药性看，《本草备要》与《本草从新》记载其"微辛能润"。而本草药论中也多有涉及杜仲辛润药性的论述。具体参见本章"第七节　杜仲的历代药论"。

杜仲的嫩叶，即檰芽的药性，姚可成《食物本草》云其："味甘平，无毒"。

综合历代本草记载，杜仲的药性为味甘、辛，性温，归肝、肾经。这与《中华本草》记载杜仲"味甘、微辛，性温。归肝、肾经"相一致。《中国药典》1977年之前版本记载为："甘、微辛，温。"1985 年后版本均记载："甘、辛、温，归肝、肾经"。而《中药学》教材中认为杜仲味甘，性温，而未言及辛味，这与古代记载有所差异。

表 1-2　杜仲的药性沿革

本草专著	药性记载
汉·《神农本草经》	味辛，平
南北朝·《名医别录》	味甘，温，无毒
南北朝·《本草经集注》	味辛、甘，平、温，无毒
唐·《药性论》	味苦
唐·《新修本草》	味辛、甘，平、温，无毒
五代·《日华子本草》	暖
五代·《蜀本草》	味辛、甘，平、温，无毒
宋·《开宝本草》	味辛、甘，平、温，无毒
元·《汤液本草》	味辛、甘，平、温，无毒。阳也，降也
元·《本草衍义补遗》	洁古云：性温，味辛、甘。气味俱薄，沉而降，阳也
元·《本草发挥》	洁古云：性温，味辛、甘。气味俱薄，沉而降，阳也
明·《本草蒙筌》	味辛、甘，气平、温。气味俱薄，降也，阳也。无毒
明·《本草发明》	上品，君。气平，温，味辛、甘，气味俱薄。降也，阳也。无毒。《药性》云：味苦
明·《本草纲目》	辛，平，无毒。《别录》曰：甘，温。权曰：苦，暖。元素曰：性温，味辛、甘。气味俱薄，沉而降，阴也。杲曰：阳也，降也。好古曰：肝经气分药也
明·《药鉴》	气平温，味辛、甘，气味俱薄，降也，阴也，无毒
明·《本草真诠》	味辛、甘，气平温。气味俱薄，降也，阳也。无毒

本草专著	药性记载
明·《珍珠囊补遗药性赋》	味辛、甘,平,性温,无毒。降也,阳也
明·《雷公炮制药性解》	味辛、甘,性温,无毒,入肾经
明·《本草汇言》	味辛、甘,气平,无毒,气味俱薄,沉而降也,阳中阴也,入足少阴,兼入足厥阴经,乃肝经气分之药
明·《景岳全书》	味甘、辛、淡,气温、平。气味俱薄,阳中有阴。其功入肾
明·《本草经疏》	味辛,气平,无毒
明·《药品化义》	属阴中有微阳,体干,色紫,气和,味苦,性凉,能降,性气薄而味厚。入肾、肝二经
清·《本草通玄》	辛温,入肾、肝气分之剂
清·《本草新编》	味辛、甘,气平、温,降也,阳也,无毒。入肾经
清·《本草备要》	甘温能补,微辛能润
清·《本经逢原》	辛、甘,温,无毒
清·《本草经解》	气平,味辛,无毒
清·《神农本草经百种录》	味辛、平
清·《药性切用》	甘温、微辛
清·《玉楸药解》	味辛,气平,入足厥阴肝经
清·《本草从新》	甘温能补,微辛能润。色紫入肝经气分
清·《得配本草》	辛、甘、淡,气温,入足少阴经气分
清·《本草崇原》	杜仲皮色黑而味辛平,禀阳明、少阴金水之精气
清·《本草求真》	专入肝,辛、甘、微温
清·《要药分剂》	味辛、甘,性温,无毒。微禀阳气,厚得金气而生。降也,阳中阴也。入肾、肝二经
清·《神农本草经读》	气味辛、平,无毒
清·《本草述钩元》	味辛、甘、微苦,气平而温,气薄味浓,降也。入足少阴厥阴经,肝经气分药
清·《本经疏证》	味辛、甘,平、温,无毒
清·《本草分经》	甘,温,微辛。入肝经气分
清·《本草害利》	甘、辛、温,入肝肾
清·《本草便读》(张秉成)	气温而浓。味甘且辛
清·《本草撮要》	味苦、辛。入足厥阴经

第二节　杜仲的功效及主治沿革

从历代本草文献对于杜仲功效与主治的记载情况看(见表1-3),《神农本草经》为源头,其记载"主腰脊痛。补中,益精气,坚筋骨,强志。除阴下痒湿,小便余沥。久服轻身,耐老"。加上《名医别录》记载的"治脚中酸痛,不欲践地"。后世本草基本沿袭了以上功效与主治,或进行扩充,或进行解释说明。自明代后,又有对妇女胎产类疾病的治疗。基本与目前《药典》及各版《中药学》教材记载的"补肝肾,强筋骨,安胎"功效类似。《中国药典》(2015版)记载杜仲主治为:肝肾不足,腰膝酸痛,筋骨无力,头晕目眩,妊娠漏血,胎动不安。

表 1-3　杜仲的功效及主治沿革

本草专著	功效与主治记载
汉·《神农本草经》	主腰脊痛。补中,益精气,坚筋骨,强志。除阴下痒湿,小便余沥。久服轻身,耐老
南北朝·《名医别录》	治脚中酸痛,不欲践地
南北朝·《本草经集注》	治腰脊痛,脚中酸疼痛,不欲践地。补中,益精气,坚筋骨,强志,除阴下痒湿,小便余沥。久服轻身,耐老
唐·《药性论》	能治肾冷臀腰痛也。腰病人虚而身强直,风也,腰不利加而用之
唐·《新修本草》	主腰脊痛。补中,益精气,坚筋骨,强志。除阴下痒湿,小便余沥,脚中酸疼痛,不欲践地。久服轻身,耐老
五代·《日华子本草》	治肾劳,腰脊挛伛
五代·《蜀本草》	主腰脊痛。补中,益精气,坚筋骨,强志。除阴下痒湿,小便余沥。腰中酸疼,不欲践地。久服轻身,耐老
宋·《开宝本草》	主腰脊痛,补中,益精气,坚筋骨,强志,除阴下痒湿,小便余沥。脚中酸疼痛,不欲践地,久服轻身,耐老
元·《汤液本草》	《本草》云：主腰脊痛。补中,益精气,坚筋骨,强志。除阴下湿痒,小便余沥,脚中酸疼,不欲践地。久服轻身,耐老
元·《本草衍义补遗》	治肾冷暨腰痛
元·《本草发挥》	其用壮筋骨,及足弱无力以行。东垣云:杜仲能使筋骨相着

本草专著	功效与主治记载
明·《本草蒙筌》	腰痛不能屈者神功,足疼不能践者立效。补中强志,益肾添精。除阴囊湿痒,止小水梦遗
明·《本草纲目》	腰膝痛。补中益精气,坚筋骨,强志。除阴下痒湿,小便余沥。久服,轻身耐老(《本经》)。脚中酸疼,不欲践地(《别录》)……人虚而身强直,风也。腰不利,加而用之(甄权)。能使筋骨相着(李杲)。润肝燥,补肝经风虚(好古)
明·《药鉴》	补中强志,益肾添精
明·《本草真诠》	能益肾精,补腰膝,神功;亦治妇人胎脏不安,产后诸疾
明·《珍珠囊补遗药性赋》	益肾而添精,去腰膝重
明·《雷公炮制药性解》	主阴下湿痒、小便余沥
明·《景岳全书》	除阴囊寒湿,止小水梦遗。因其气温,故暖子宫;因其性固,故安胎气。补中强志,壮肾添精,腰痛殊功,足疼立效
明·《药品化义》	力补腰膝
清·《本草通玄》	补肾,则精充而骨髓坚强;益肝,则筋壮而屈伸利用,故腰膝酸疼,脊中挛痛者需之。又主阴下湿痒、小便余沥,皆补力之驯致者也
清·《本草新编》	补中强志,益肾添精,尤治腰痛不能屈伸者神效,亦能治足、阴囊湿痒,止小水梦遗
清·《本草备要》	治腰膝酸痛。润肝燥,补肝虚,补腰膝
清·《本经逢原》	《本经》主腰脊痛。补中益精气,坚筋骨,强志。除阴下痒湿,小便余沥
清·《本草经解》	主腰膝痛。补中益精气,坚筋骨,强志。除阴下痒湿,小便余沥。久服轻身,耐老
清·《神农本草经百种录》	主腰脊痛。补中益精气,坚筋骨,强志
清·《药性切用》	入肝肾而补虚、止痛,安胎续筋,为腰膝诸痛专药
清·《玉楸药解》	荣筋壮骨,健膝强腰。杜仲去关节湿淫,治腰膝酸痛,腿足拘挛,益肝肾,养筋骨
清·《本草从新》	补腰膝,补肝虚,兼补肾。治腰膝酸痛
清·《得配本草》	除阴下之湿,合筋骨之离,补肝气而利于用,助肾气而胎自安。凡因湿而腰膝酸疼,内寒而便多余沥,须此治之
清·《要药分剂》	《本经》曰:主腰膝酸痛。补中,益精气,坚筋骨,强志。除阴下痒湿,小便余沥。《别录》曰:脚中酸疼,不欲践地。《大明》曰:治肾劳腰脊挛。甄权曰:肾冷腰痛,人虚而身强直,风也,腰不利,加用。东垣曰:能使筋骨相着。汪机曰:治胎漏胎堕。好古曰:润肝燥,补肝经风虚

续表

本草专著	功效与主治记载
清·《神农本草经读》	主腰膝痛。补中益精气,坚筋骨,强志。除阴下痒湿,小便余沥。久服轻身,耐老
清·《本草述钩元》	主治腰膝痛。补中益精气,坚筋骨,强志。除阴下痒湿,小便余沥。治肾劳腰脊挛,脚中酸疼,不欲践地。除肾冷,润肝燥,补肝经风虚,能使筋骨相着
清·《本经疏证》	补中,益精气,坚筋骨,强志。除阴下痒湿,小便余沥。脚中酸疼痛,不欲践地。久服轻身,耐老
清·《本草分经》	润肝燥,补肝虚又兼补肾,能使筋骨相着,补腰膝
清·《本草害利》	强筋壮骨,益肾添精。治腰膝疼痛,利遍体机关,亦治阴下湿痒,小便淋沥
清·《本草撮要》	功专治肝虚

杜仲的嫩叶,即檰芽的功效与主治,《本草图经》云:"主风毒脚气,及久积风冷、肠痔、下血"。

第三节　杜仲的采收与炮制沿革

从下表中(表1-4)杜仲的采收时间看,大部分为农历二月、五月、六月、九月采集树皮,阴干后进行炮制。炮制的主要目的是去丝。炮制的方法有用酥、蜜、姜汁、盐水、酒等炒炙。现代常用的盐炙法从明代后期逐渐盛行。

表1-4　杜仲的采集与炮制沿革

本草专著	采集与炮制记载
南北朝·《名医别录》	二月、五月、六月、九月采皮
南北朝·《雷公炮炙论》	雷公云:凡使,先须削去粗皮。用酥、蜜和作一处,炙之尽为度。炙干了,细锉用。凡修事一斤,酥二两,蜜三两,二味相和,令一处用也
南北朝·《本草经集注》	二月、五月、六月、九月采皮,阴干。用之薄削去上甲皮横理,切令丝断也
唐·《新修本草》	二月、五月、六月、九月采皮,阴干。用之薄削去上甲皮横理,切令丝断也

本草专著	采集与炮制记载
五代·《日华子本草》	入药炙用
五代·《蜀本草》	二月、五月、九月采皮,阴干。用之薄削去上甲皮,横理切,令丝断也
宋·《开宝本草》	二月、五月、六月、九月采皮,阴干
宋·《本草图经》	二月、五月、六月、九月采皮用
明·《本草蒙筌》	刮净粗皮,咀成薄片,姜汁润透,连炒去丝
明·《本草发明》	凡用,厚润者,刮净粗皮,咀片,姜汁润透,慢火炒断丝为度
明·《本草纲目》	敩曰:凡使削去粗皮。每一斤,用酥一两,蜜三两,和涂火炙,以尽为度。细锉用
明·《本草真诠》	凡用,姜汁润透,炒去丝;或去皮,酒蜜涂炙
明·《珍珠囊补遗药性赋》	酥炙去其丝,功效如神应
明·《雷公炮制药性解》	去粗皮,酥蜜炙去丝。雷公云:凡使,先须削去粗皮。每一斤,用酥、蜜和作一处,炙之尽为度。炙干了,细锉用。凡修事一斤,酥二两,蜜三两,二味相和,令一处用
明·《本草汇言》	雷氏曰:修治,削去粗皮,每一斤用蜜四两和涂火炙黄,以透为度
明·《景岳全书》	用姜汁或盐水润透,炒去丝
明·《药品化义》	取厚而润者佳。刮去粗皮,切片,拌入盐水,漫火炒断丝为度
清·《本草通玄》	酥炙,或盐酒炒,去粗皮
清·《本经逢原》	盐酒炒断丝用
清·《本草经解》	盐水炒
清·《药性切用》	盐水炒或酒炒用
清·《本草从新》	去粗皮锉。或酥炙、蜜炙、盐酒炒、姜汁炒、断丝用
清·《得配本草》	治泻痢,酥炙;除寒湿,酒炙;润肝肾,蜜炙;补腰肾,盐水炒;治酸疼,姜汁炒
清·《本草述钩元》	削去粗皮,每一斤,用酥一两,蜜三两,和涂火炙,以尽为度。一法,用酒炒断丝,以渐取屑,方不焦。浓而实者,能强筋骨,用面炒去丝,童便浸七日,新瓦焙干为末
清·《本草害利》	二、五、六、九月采皮,凡使削去粗皮锉,或酥炙、酒炙、蜜炙、盐酒炒、姜汁炒、断丝用
清·《本草撮要》	或酥炙酒炙、蜜炙盐酒炒,姜汁炒,炒断丝用

第四节　杜仲的产地与鉴定沿革

从杜仲的产地(见表1-5)看,宋代以前基本沿袭《名医别录》《本草经集注》记载的:"生上虞山谷又上党及汉中"。宋代《本草图经》又记载:"今出商州、成州、峡州近处大山中亦有之"。而清代以后则认为:"产湖广湖南者佳"。

杜仲的原植物为乔木,"树高数丈""叶似辛夷""皮类厚朴"。而杜仲药材的鉴定标准基本类似,以"折之多白丝为佳"。"色黄、皮薄肉浓"者质量好,"色黑、皮浓、肉薄"者质量较差。

表1-5　杜仲的产地与鉴定沿革

本草专著	产　地	鉴　定
汉·《神农本草经》	生山谷	
南北朝·《名医别录》	生上虞及上党、汉中	
南北朝·《本草经集注》	生上虞山谷又上党及汉中	
唐·《新修本草》	生上虞山谷又上党及汉中。上虞在豫州,虞、虢之虞,非会稽上虞县(今浙江省绍兴市上虞区)也	今用出建平、宜都者,状如浓朴,折之多白丝为佳
五代·《蜀本草》	生上虞山谷,又上党及汉中。陶隐庵曰:上虞在豫州,虞、虢之虞,非会稽上虞县也。今所在大山皆有	蜀本《图经》云:杜仲,生深山大谷,树高数丈,叶似辛夷,折其皮多白丝者好。今用出建平、宜都者,状如浓朴,折之多白丝为佳
宋·《开宝本草》	生上虞山谷又上党及汉中。陶隐居曰:上虞在豫州,虞、虢之虞,非会稽上虞县也	今用出建平、宜都者,状如厚朴,折之多白丝为佳
宋·《本草图经》	生上虞山谷及上党、汉中。今出商州、成州、峡州近处大山中亦有之	木高数丈,叶如辛夷,亦类柘;其皮类浓朴,折之内有白丝相连
明·《本草蒙筌》	汉中(属四川)产者第一	脂浓润者为良
明·《本草纲目》	《别录》曰:杜仲生上虞山谷及上党、汉中。弘景曰:上虞在豫州,虞、虢之虞,非会稽上虞县也	今用出建平、宜都者。状如浓朴,折之多白丝者为佳。保升曰:生深山大谷,所在有之。树高数丈,叶似辛夷。颂曰:今出商州、成州、峡州近处大山中,叶亦类柘,其皮折之白丝相连

本草专著	产　地	鉴　定
明·《本草汇言》	《别录》曰：杜仲,生上虞山谷又上党及汉中。上虞在豫州,虞、虢之虞,非会稽上虞也。今出建平、宜都者,而韩氏、苏氏又言出商州、成州、峡州诸山大谷中	树高数丈,叶似辛夷,又类柘叶,嫩叶初生可食,谓之棉芽花。木皮状似朴,折之有白丝相连,江南呼曰棉花。实皆苦涩,亦堪入药,木又可作履,以益脚也
清·《本草从新》	产湖广、湖南者佳	产湖广湖南者佳。色黄、皮薄肉浓。川杜仲色黑、皮浓肉薄、不堪用
清·《本草害利》	产湖广、湖南者佳	色黄,皮薄,肉浓,如色黑、皮浓、肉薄,不堪用

第五节　杜仲的用药禁忌沿革

杜仲的用药禁忌(见表1－6)主要是配伍禁忌和病证禁忌。

配伍禁忌方面,多沿袭《本草经集注》记载："畏蛇蜕皮、玄参"。但并未见本草著作有对于此配伍禁忌的解释。

病证禁忌方面,多集中于肾虚火炽,精血燥者不宜应用杜仲,如果要用,须配伍知母、黄柏等同用。这与杜仲药性偏温有关。

表1-6　杜仲的用药禁忌沿革

本草专著	配伍禁忌	病证禁忌
南北朝·《本草经集注》	畏蛇蜕皮、玄参。太一禹余粮杜仲为之使。落石杜仲、牡丹为之使	
唐·《新修本草》	畏蛇蜕皮、玄参	
五代·《蜀本草》	畏蛇蜕皮、玄参	
宋·《开宝本草》	畏蛇蜕皮、玄参	
元·《汤液本草》	恶蛇蜕皮、玄参	

续表

本草专著	配伍禁忌	病证禁忌
明·《本草蒙筌》	凡为丸散煎汤,最恶玄参蛇蜕	
明·《本草发明》	恶玄参、蛇蜕	
明·《本草真诠》	恶玄参、蛇蜕	
明·《雷公炮制药性解》	恶蛇蜕、玄参	杜仲降而属阳,宜职肾家之症,然精血燥者,不宜多用
明·《景岳全书》		内热火盛者,亦当缓用
明·《本草经疏》		肾虚火炽者不宜用,即用当与黄柏、知母同入
明·《本草汇言》		如肝肾阴虚,而无风湿病,乃因精乏髓枯,血燥液干而成痿痹,成伛偻,以致俯仰屈伸不用者,又忌用之
清·《本草备要》		内热火盛者,亦当缓用
清·《本经逢原》		但肾虚火炽、梦泄遗精而痛者勿用,以其辛温引领虚阳下走也
清·《本草从新》	恶元参	肾虽虚而火炽者勿用
清·《得配本草》	恶玄参	内热,精血燥,二者禁用
清·《本草求真》	恶黑参	
清·《要药分剂》	恶元参、蛇脱	《经疏》曰:肾虚火炽者忌。即用当与知、柏同入
清·《本草述钩元》		肾虚火炽者不宜用。即用当与知柏同入
清·《本草撮要》	恶元参	

第六节　杜仲配伍的本草记载

本草专著中对于杜仲配伍的记载主要集中于明清之后(见表1-7)。其中包括杜仲与牛膝配伍治疗腰膝酸痛,杜仲与补骨脂配伍壮肾阳,杜仲与山药配伍治胎动不安,杜仲与黄柏、知母同用治疗肾阴虚证。这些配伍至今仍为常用。

另,其他方剂著作中有关杜仲配伍的相关内容详见"第四章　杜仲的临床应用"。

表1-7　杜仲的配伍记载

本草专著	配　　伍
明·《药鉴》	腰痛不能屈者,同芡实、枣肉丸之神方。足疼不能践者,入黄芪、苍术煎之灵丹
明·《本草经疏》	肾虚火炽者不宜用,即用当与黄柏、知母同入
明·《药品化义》	盖牛膝主下部血分,杜仲主下部气分,相须而用
清·《得宜本草》	得羊肾治肾虚腰痛。得牡蛎治虚汗。得糯米、山药、枣肉治胎漏胎坠。得补骨脂、青盐、枸杞能壮肾阳
清·《得配本草》	得羊肾,治腰痛;配牡蛎,治虚汗;配菟丝、五味,治肾虚泄泻;配糯米、山药,治胎动不安。佐当归,补肝火。入滋补药,益筋骨之气血;入祛邪药,除筋骨之风寒
清·《本草撮要》	得羊肾治肾虚腰痛。得牡蛎治虚汗。得糯米、山药、枣肉治胎漏胎坠。得补骨脂、青盐、枸杞能壮肾阳

第七节　杜仲的历代药论

关于杜仲的本草药论从明代开始,至清代数量增多。本书选择18篇有代表性的本草药论,其中多数是对于《神农本草经》中杜仲论述的解释,还有对于其药性、功效与主治的扩展,也有对于前人药论的评述等。

一、论杜仲入肾兼入肝

1. 明·皇甫嵩《本草发明》

杜仲益肾气、助下焦之要药也,故本草主腰脊痛,补中益精气,坚筋骨,强志,久服轻身耐老,皆益肾之功。又除阴下湿痒,小便余沥,脚中酸疼不欲践地,皆助下之力也。要皆益肾以助下焦居多矣。

2. 明·贾所学《药品化义》

杜仲,味苦沉下,入肾。盖肾欲坚,以苦坚之,用此坚肾气,强壮筋骨,主治腰脊酸疼,脚膝行痛,阴下湿痒,小便余沥。东垣云功效如神应,良不爽也。又因其体质折之内如丝绵,连续不断,能补肝虚,使筋骨相着,治产后交骨不合及胎产调理,跌扑损伤,所谓合筋骨之离莫如杜仲是也。

3. 清·张志聪《本草崇原》

杜仲皮色黑而味辛平,禀阳明、少阴金水之精气。腰膝痛者,腰乃肾府,少阴主之。膝属大筋,阳明主气。杜仲禀少阴、阳明之气,故腰膝之痛可治也。补中者,补阳明之中土也。益精气者,益少阴肾精之气也。坚筋骨者,坚阳明所属之筋,少阴所主之骨也。强志者,所以补肾也。阳明燥气下行,故除阴下痒湿,治小便余沥。

4. 清·陈修园《神农本草经读》(参张隐庵)

杜仲气味辛平,得金之气味;而其皮黑色而属水,是禀阳明、少阴金水之精气而为用也。腰为肾府,少阴主之;膝属大筋,阳明主之;杜仲禀少阴、阳明之气,故腰膝之痛可治也。补中者,补阳明之中土也;益阴者,益少阴之精气也;坚筋骨者,坚阳明所属之筋,少阴所主之骨也;强志者,肾藏志,肾气得补而壮,气壮而志自强也。阳明燥气下行,故除阴下湿痒,小便余沥也。久服则水金相生,精气充足,故轻身耐老也。

5. 清·杨时泰《本草述钩元》

则可见肝之化原在肾,而肾之资益在肝。此味由肾益肝,即由肝资肾,故得筋骨相着。肝之借以致其气化者此耳,非谓其更入肝也。(能补肾中元气,既是肝经气分药,又是能补风虚润肝燥药。肝燥者何,元阳虚而风木之真气不达,故燥急也。)藉非本于三焦之元气,阴中生阳,阳中含阴,其能使风虚肝燥胥以受益乎? 至如阴下痒湿,小便余沥,皆阳气之不周于阴也。虽贵其脂润,而取用在皮,亦可以思矣。审此则凡阴虚以为腰痛者,犹当酌而施之矣。甄权疗肾冷腰痛,日华子治肾劳腰脊挛。夫冷与劳,皆属肾气之虚。肾中元阳虚,即有腰痛脊挛之证,亦即有阳虚而病于风之证,盖阳虚而并,不能达阴。故病于风,即海藏所谓风虚也。又所谓肝燥者,即阳不得致于肝。而阴亦不得随之以至肝也。阴阳合一之义,可于兹味见一斑。唯由益肾以致肝,比于石枣(即山茱萸肉)之先温肝以助肾者有异耳。

二、 论杜仲补肝兼补肾

1. 明·李明珍《本草纲目》

杜仲,古方只知滋肾,惟王好古言是肝经气分药,润肝燥,补肝虚,发昔人所未发也。盖肝主筋,肾主骨。肾充则骨强,肝充则筋健。屈伸利用,皆属于筋。杜仲色紫而润,味甘微辛,其气温平。甘温能补,微辛能润。故能入肝而补肾,子能令母实也。少年新娶,后得脚软病,且疼甚。医作脚气治不效。路钤孙琳诊之,用杜仲一味,寸断片拆,每以一两,用半酒半水一大盏煎服。三日能行,又三日痊愈。琳曰:此乃肾虚,非脚气也,杜仲能治腰膝痛,以酒行之,则为效容易矣。

2. 明·倪朱谟《本草汇言》

杜仲达下焦,补肝肾(王好古),壮腰膝之药也(《本经》)。盖肝主筋(倪九阳稿),肾主骨,肝充则筋强,肾充则骨健,屈伸利用。故前古主坚筋骨,除痿痹,定腰膝痛,并肝脏风湿成虚,脊背强直,俯仰不利,屈伸不便,及小便余沥,阴汗湿痒者,宜加用之。故方氏《直指》云:凡下焦虚,非杜仲不补,下焦之湿,非杜仲不利,腰膝之痛,非杜仲不除,足胫之酸,非杜仲不去。然色紫而燥,质绵而韧,气温而补,补益肝肾,诚为要剂。如肝明阳虚,而有风湿病者,以盐酒浸炙,为效甚捷。如肝肾阴虚,而无风湿病,乃因精乏髓枯,血燥液干而成痿痹,成伛偻,以致俯仰屈伸不用者,又忌用之。

卢不远先生曰:杜仲,从土从中,其色褐,为土克水象,肾之用药也。腰本肾腑,湿土为害,必侵肾水,而腰先受之,据名据色,可以疗也。若象形,如络如绵,能使筋骨相着,又一义矣。

3. 清·张璐《本经逢原》

杜仲,古方但知补肾,而《本经》主腰脊痛等病,补中益精气,是补火以生土也。王好古言是肝经气分药。盖肝主筋,肾主骨,肾充则骨强,肝充则筋健。屈伸利用皆属于筋,故入肝而补肾,子能令母实也。但肾虚火炽,梦泄遗精而痛者勿用,以其辛温引领虚阳下走也。

4. 清·黄宫绣《本草求真》

[批]温补肝气,达于下部筋骨气血。

杜仲专入肝,辛甘微温。诸书皆言能补腰脊,为筋骨气血之需,以其色紫入肝,为肝经气药。盖肝主筋,肾主骨,肾充则骨强,肝充则筋健,屈伸利用,皆属于筋,故入肝而补肾,子能令母实也。且性辛温,能除阴痒,去囊湿,痿痹痛软必需,脚气疼痛必用,按庞元英《谈薮》,一少年新娶后得脚软病,且疼甚,医作脚气治不效,路铃孙琳诊之,用杜仲一味、寸断片拆,每以一两,用半酒半水一大盏煎服,三日能行,又三日痊愈。琳曰:此乃肾虚,非脚气也。杜仲能治腰膝痛,以酒行之,则为效容易矣。

5. 清·沈金鳌《要药分剂》

时珍曰:杜仲古方只知滋肾,惟好古言是肝经气分药,润肝燥,补肝虚,发前人所未发。盖肝主筋,肾主骨,屈伸利用,皆属于筋,杜仲色紫而润,故能入肝,子能令母实,故兼补肾。

李言闻曰:腰痛不已,属肾虚。痛有定处,属死血。往来走痛,属痰。腰冷身重,遇寒便发,属寒湿。或痛或止,属湿热。而其原多本于肾虚。以腰者肾之府也,胎沥者,怀孕沥血,胎易堕者,胎元不固也。

三、 论杜仲之作用部位在腰脊

1. 清·邹澍《本经疏证》

杜仲之治曰主腰脊痛,别于因风寒湿痹而为腰脊痛也。曰补中益精气,坚筋骨,强志以能主腰脊痛而究极言之也。盖木皮之厚无过于杜仲,犹人身骨肉之厚无过于腰脊,木皮皆燥,独杜仲中含津润,犹腰脊之中实藏肾水。肾者藏精而主作强,此所以得其敦厚津润以补其中之精,并益其精中之气,而痛自可已。然敦厚津润,气象冲容,魄力和缓,何筋骨之能坚,志之能强?殊不知味之辛,即能于冲容和缓中发作强之机,而于敦厚津润中,行坚强之势,且其皮内白丝缠联,紧相牵引,随处折之,随处密布,是其能使筋骨相著,皮肉相帖,为独有之概,非他物所能希也。虽然,坚筋骨强志,皆腰脊以内事,谓之补中益精气可矣。阴下痒湿,小便余沥,腰脊以外事,何又能除?夫肾固主收摄一身水气,分布四藏,以为泣为涎为汗为涕为唾而伸其变化云,为是之谓作强,是之为技巧,假使所居之境,所治之地,而渗漏不已,关键无节,又安得筋骨之能坚,志之能强!故惟能除阴下痒湿,小便余沥,而后筋骨可坚,志可强,实皆腰脊以内事,不得云在腰脊外也。即《别录》所注脚中酸疼,不欲践地,尚是腰脊以内事,盖惟下一欲字,已可见其能而不欲,非欲而不能也。夫脚之用力皆出于腰,设使欲而不能,是脚不遵腰令,今曰不欲,则犹腰之令不行于脚,故曰尚是腰脊以内事。

2. 清·周岩《本草思辨录》

《本经》杜仲主腰脊痛,脊有误作膝者,注家即以腰膝释之。不知杜仲辛甘色黑,皮内有白丝缠联,为肝肾气药非血药。其温补肝肾之功,实在腰脊。性温化湿而甘能守中,不特腰脊痛可止,即阴下痒湿小便余沥何不可已?《别录》谓脚中酸疼不欲践地。不欲之故,自在腰脊,与不能有异。总当以主腰脊痛为用是物之主脑。即后世治频惯堕胎,亦岂为脚膝事哉?

四、论杜仲之药性

1. 明·缪希雍《本草经疏》

杜仲禀阳气之微,得金气之厚,故其味辛,气平无毒。《别录》加甘温,甄权言苦暖,应是辛苦胜而苦次之,温暖多而平为劣也。气薄味厚,阳中阴也。入足少阴,兼入足厥阴经。按《本经》所主腰脊痛,益精气,坚筋骨,脚中酸痛不欲践地者,盖腰为肾之府,经曰:动摇不能,肾将惫矣。又肾藏精而主骨,肝藏血而主筋,二经虚则腰脊痛而精气乏,筋骨软而脚不能践地也。"五脏苦欲补泻"云:肾苦燥,急食辛以润之,肝苦急,急食甘以缓之。杜仲辛甘俱足,正能解肝肾之所苦,而补其不足者也。强志者,肾藏志,益肾故也。除阴下痒湿,小便余沥者,祛肾家之湿热也。益肾补肝,则精血自足,故久服能轻身耐老。其主补中者,肝肾在下,脏中之阴也,阴足则中亦补矣。

2. 清·汪昂《本草备要》

色紫入肝经气分,润肝燥,补肝虚。子能令母实,故兼补肾。肝充则筋健,肾充则骨强,能使筋骨相着。皮中有丝,有筋骨相着之象。治腰膝酸痛,经曰:腰者肾之府,转移不能,肾将惫矣。膝者筋之府,屈伸不能,筋将惫矣。一少年新娶,得脚软病,且痛甚,作脚气治不效。孙琳曰:此肾虚也。《景岳全书》:味甘辛淡,气温平。气味俱薄,阳中有阴。其功入肾。用姜汁或盐水润透,炒去丝。补中强志,壮肾添精,腰痛殊功,足疼立效。除阴囊寒湿,止小水梦遗。因其气温,故暖子宫;因其性固,故安胎气。内热火盛者,亦当缓用。

3. 清·姚球《本草经解》

杜仲气平,禀天秋降之金气,味辛无毒,得地润泽之金味。专入手太阴肺经,气味升多于降,阴也。腰者肾之腑,膝者肾所主也。杜仲辛平益肺,肺金生肾水,所以腰膝痛自止也。中者阴之守也,辛平益肺,肺乃津液之化源,所以阴足而补中也。初生之水谓之精,天一之水也。杜仲入肺,肺主气而生水,所以益精气。精气益则肝有血以养筋,肾有髓以填骨,所以筋骨坚也。肺主气,辛平益肺,则气刚大,所以志强。阴下者即篡间,任脉别络也,痒湿者湿也。杜仲辛平润肺,则水道通而湿行也,小便气化乃出。有余沥气不收摄也,杜仲益肺气,气固则能摄精也。久服辛平益气,气充则身轻。辛润滋血,血旺则耐老也。盐水炒则入肾,醋炒则入肝,以类从也。

4. 清·徐大椿《神农本草经百种录》

其质坚韧者,其精气必足,故亦能坚定人身之筋骨气血也。除阴下痒湿,补皮利湿,小便余沥。坚溺管之气,久服轻身耐老,强健肢体。杜仲,木之皮,木皮之韧且厚者此为最,故能补人之皮。又其中有丝连属不断,有筋之象焉,故又能续筋骨。因形以求理,则其效可知矣。

5. 清·吴仪洛《本草从新》

甘温能补,微辛能润。色紫入肝经气分,润肝燥,补肝虚。子能令母实,故兼补肾。肝充则筋健,肾充则骨强,能使筋骨相着(皮中有丝、有筋骨相着之象)。治腰膝酸痛(《经》曰：腰者肾之府，转移不能，肾将惫矣。膝者筋之府，屈伸不能，筋将惫矣。一少年新娶，得脚软病不效。孙琳曰：此肾虚也，用杜仲一两，半酒半水煎服，六日痊愈。按腰痛不已者，属肾虚；痛有定处，属死血；往来走痛，属痰积；腰冷身重，遇寒即发，属寒湿；或痛或止，属湿热；而其原无不有关于肾，以腰者肾之府也)。

6. 清·杨时泰《本草述钩元》

杜仲味先辛，次甘，又次苦。甘不敌辛，而苦则微甚。以辛始而以苦终，是苦乃辛甘归宿之地。而引辛甘致其用者，固在苦也。苦属火，苦所就下之火，即元气。兹味由辛甘而苦，是其归于中五之冲气者，皆降而浓育乎阴中之阳也。即其色紫，非下就相火之一证乎。夫三焦元气，上下际蟠。(水中有火，乃肾中元气，而三焦布之。)兹何以独致其用于下，盖中土之甘，化归于肾，而天气之辛化。又因中土而归之，则所谓益元阳，致津液者。其总之，此味功用，全以元气为本。身半以下，腰膝与脚，皆借此阴中元阳以为张弛之主。

五、 论杜仲之配伍

清·陈士铎《本草新编》

补中强志，益肾添精，尤治腰痛不能屈伸者神效，亦能治足、阴囊湿痒，止小水梦遗。此物可以为君，而又善为臣使，但嫌过燥，与熟地同用，则燥湿相宜，自然无火动之忧也。

或问肾恶燥，而杜仲性燥，何以入肾以健腰？吾子加熟地尤宜，然亦似熟地之滋肾，终非杜仲之益肾矣。曰：补肾原不必熟地，余用熟地者，不过取其相得益彰也。夫肾虽恶燥，而湿气侵之，腰即重著而不可俯仰，是肾又未尝不恶湿也。杜仲性燥，燥肾中之邪水，而非烁肾中之真水也。去熟地而肾中之燥不相妨，用熟地而肾中之湿亦无碍，盖杜仲自能补肾，而非借重于熟地之助也。

或问杜仲非燥药也，而吾子谓是燥药，何据而云然乎？曰：论杜仲之有丝,其非燥药也。然而杜仲之燥,正有丝之不肯断,其中之柔软为何如,而独谓其性燥者,别有义也。杜仲不经火则湿,经火则燥。不断之丝,非火炒至无丝,则不可为未非受火气迫急而为燥乎。肾恶躁,而以燥投燥,遽入往往动火,我所以教人与熟地同用也。至于肾经中湿,不特宜同熟地并施,且宜生用为妙,并不可火炒。盖肾既有湿,得熟地则增润,反牵制杜仲。一加火,则失其本性,但补而不攻,而湿邪反不得遽散。夫杜仲不炒则湿,何反宜于治湿。盖杜仲燥中有湿,湿非水气之谓也。邪湿得真水而化,生用,正存其真气耳。

或问杜仲补肾,仲景公何故不采入八味丸中?不知杜仲补肾中之火,而有动肾气,动则桂、附不安于肾宫,恐有飞越之虞,故用桂、附,而不用杜仲。然则固不可用乎,肾中有湿气,正宜加用于八味丸中,取其动而能散湿也,又不可拘执不用而尽弃之耳。

或问杜仲补肾,世人竟以破故纸佐之,毋乃太燥乎?杜仲得破故纸,而其功始大,古人嫌其太燥,益胡桃仁润之,有鱼水之喻。其实,杜仲得破故纸,正不必胡桃仁之润也。盖破故纸温补命门之火,而杜仲则滋益肾中之水,水火有既济之美,又何必胡桃仁之润哉。虽杜仲得胡桃仁之相助,亦无碍其益肾之功,然而,杜仲实无借于胡桃仁也。或云胡桃仁滋破故纸之燥也。夫破故纸用之于他药之中,未见用胡桃仁之助,何独入于杜仲之中而加胡桃仁也。谓非因杜仲而入之,吾不信也。

六、论杜仲安胎

清·黄宫绣《本草求真》

胎滑梦遗切要。若使遗精有痛,用此益见精脱不已,以其气味辛温,能助肝肾旺气也。胎因气虚而血不固,用此益见血脱不止,以其气不上升反引下降也。功与牛膝、地黄、续断相佐而成,但杜仲性补肝肾,能直达下部筋骨气血,不似牛膝达下,走于经络血分之中;熟地滋补肝肾,竟入筋骨精髓之内;续断调补筋骨,在于曲节气血之间之为异耳。独怪今世安胎,不审气有虚实,辄以杜仲、牛膝、续断等药引血下行。在肾经虚寒者,固可用此温补以固胎元,如古方之治三四月即坠者,于两月前以杜仲八两,糯米煎汤浸透、炒断丝,续断二两,酒浸山药六两,为末糊丸,或枣肉为丸,米饮下。固肾托胎之类,绣见今时医士,不审虚实,用此安胎甚多,殊为可惜。若气陷不升,血随气脱,而胎不固者,用此则气益陷不升,其血必致愈脱无已。故凡用药治病,须察脉症虚实,及于上下之处,有宜不宜,以为审用。若徒守其一曲,胎动症类甚多,若不细心揣摩,安得不守一曲。以应无穷之变,非为无益,且以增害。不通医士,多犯是弊,可惜。

七、 论杜仲之祛邪作用

清·张秉成《本草便读》

气温而浓,味甘且辛。益肾培肝,腰膝虚疼用取治。除寒胜湿,筋皮连续类相求。(杜仲其树一名木棉,杜仲即其皮也,折之有丝不断。色紫独入肝经,味辛甘而温。善祛逐下焦寒湿,邪去则肝得温养,以遂其生发之性。乙癸同源,子实则母不虚,故又能补肾也。须知杜仲祛邪之力有余,补养之功不足耳。)

第二章

杜仲的现代研究

第一节 杜仲的药用原植物

杜仲属杜仲科 *Eucommiaceae* 杜仲属 *Eucommia ulmoides Oliv.*。全科仅 1 属 1 种,是地质史上第三纪的孑遗植物,为我国特产植物,分布于我国中部及西南各省区,各地有栽培。该植物已被国家列为二级保护树种[1]。

杜仲为落叶乔木,高可达 20 m。树皮灰褐色,粗糙,折断拉开有极多细丝。幼枝有黄褐色毛,之后逐渐褪去,老枝有皮孔。单叶互生;叶柄长 1～2 cm,柄上有槽,被散生长毛;叶片椭圆形、卵形或长圆形,长 6～15 cm,宽 3.5～6.5 cm,先端渐尖,基部圆形或阔楔形,其上暗绿色,之下淡绿,老叶略有皱纹,边缘有锯齿;侧脉 6～9 对。花单性,雌雄异株,花生于当年枝基部,雄花无花被,密集成头状花序,花梗无毛;雄蕊长约 1 cm,4～10 个,常为 8 个,无毛,无退化雌蕊;雌花单生,花梗长约 8 mm,子房 1 室,先端 2 裂,子房柄极短。翅果扁平,长椭圆形,先端 2 裂,基部楔形,周围具薄翅;坚果位于中央,与果梗相接处有关节[2]。早春开花,秋后果实成熟。花期 4～5 月,果期 9～10 月。叶、果,尤其是树皮折断时有极多的橡胶纤细弹丝,银白如棉,因此又称"丝棉树""丝棉皮"[3]。

采收:栽培 10～20 年,用半环剥法剥取树皮。环剥法,用芽接刀在树干分枝处的下方,绕树干环切一刀,再在离地面 10 cm 处再环切一刀,再垂直向下纵切一刀,只切断韧皮部,不伤木质部,然后剥取树皮。6～7 月高温

湿润季节,杜仲树形成层细胞分裂比较旺盛,切树干的一半或三分之一。经
2～3年后树皮可重新长成。剥取树皮宜选多云或阴天,不宜在雨天及炎热
的晴天进行。加工:剥下的树皮用开水烫泡,将皮展平,将树皮内面相对叠
平、压紧,四周用稻草包住,使其发汗,经1星期后,内皮略成紫褐色,取出晒
干,刮去粗皮,修切整齐,贮藏备用[1]。

第二节　杜仲药材与饮片的鉴定及质量标准

杜仲皮为杜仲科 *Eucommiaceae* 植物杜仲 *Eucommia ulmoides Oliv.*
的干燥树皮。据记载,花、实亦可入药,但极少应用。目前《中国药典》中记
载有杜仲(皮)、杜仲叶。

一、杜仲药材及饮片的鉴定

(一) 杜仲皮

本品为杜仲科植物杜仲 *Eucommia ulmoides Oliv.* 的干燥树皮。4～7
月剥取,刮去粗皮,堆置"发汗"至内皮呈紫褐色,晒干。

1. 药材

【性状鉴别】

本品呈板片状或两边稍向内卷,大小不一,厚3～7 mm。外表面淡棕色
或灰褐色,有明显的皱纹或纵裂槽纹,有的树皮较薄,未去粗皮,可见明显的
皮孔。内表面暗紫色,光滑。质脆,易折断,断面有细密、银白色、富弹性的
橡胶丝相连。气微,味稍苦[4]。以皮厚而大、粗皮刮净、内表面色暗紫、断面
银白色橡胶丝多者为佳[2]。

【显微鉴别】

本品粉末棕色。橡胶丝成条或扭曲成团,表面显颗粒性。石细胞甚多,
大多成群,类长方形、类圆形、长条形或形状不规则,长约180 μm,直径20～
80 μm,壁厚,有的胞腔内含橡胶团块。木栓细胞表面呈多角形,直径15～

40 μm,壁厚不均匀,木化,有细小纹孔;侧面呈长方形,壁三面增厚,一面薄,孔沟明显[4]。橡胶丝淀粉粒极少,类球形,直径 3～8 μm[2]。

　　横切面落皮层残存,内侧有数个木栓组织层带,每层为排列整齐、内壁特别增厚且木华的木栓细胞,两层带间为颓废的皮层组织,细胞壁木华。韧皮部有 5～7 条石细胞环带,每环有 3～5 列石细胞并伴有少数纤维。射线 2～3 列细胞,近栓内层时有向一方偏斜。白色橡胶质(丝状或团块状)随处可见,以韧皮部为多,此橡胶丝存在于乳汁细胞内[4]。

【理化鉴别】

　　① 取粉末 1 g,加三氯甲烷 10 ml,浸渍 2 小时,滤过,滤液挥干,加乙醇 1 ml,产生具弹性的胶膜。

　　② 取粗粉 10 g,加乙醇 100 ml 回流提取,取乙醇提取液滴于滤纸上,喷洒 20％氢氧化钠水溶液,显浅黄色斑点。(红杜仲显紫色斑点,丝棉木不显色)[4]。

　　③ 本品在紫外光灯下,外表面显暗紫褐色荧光,内表面显黄棕色荧光,断面显紫色荧光。

　　④取杜仲粉末 2 g,加蒸馏水 20 ml,在 50～60℃水浴中加热 1 小时,滤过。滤液滴在滤纸上,喷以三氯化铁-铁氰化钾试液,显蓝色斑点(酚酸反应)。

【品质标志】

　　《中华人民共和国药典》1995 年版规定:本品用热浸法测定,75％乙醇浸出物不得少于 11％[2]。

　　2. 饮片

　　(1) 杜仲

　　刮去残留粗皮,洗净,切块或丝,干燥。本品呈小方块或丝状。外表面淡棕色或灰褐色,有明显的皱纹。内表面暗紫色,光滑。断面有细密、银白色、富弹性的橡胶丝相连。气微,味稍苦。

【鉴别】

　　同"药材"。

【品质标志】

同"药材"。

（2）盐杜仲

取杜仲块或丝，照盐炙法〔通则 0213〕炒至断丝、表面焦黑色。本品形如杜仲块或丝，表面黑褐色，内表面褐色，折断时胶丝弹性较差。味微咸。

（二）杜仲叶

本品为杜仲科植物杜仲 Eucommia ulmoides Oliv. 干燥叶。夏、秋二季枝叶茂盛时采收，晒干或低温烘干。

【性状鉴别】

本品多破碎，完整叶片展平后呈椭圆形或卵形，长 7～15 cm，宽 3.5～7 cm。表面黄绿色或黄褐色，微有光泽，先端渐尖，基部圆形或广楔形，边缘有锯齿，具短叶柄。质脆，搓之易碎，折断面有少量银白色橡胶丝相连。气微，味微苦[4]。以完整、色黄绿、无杂质者为佳[2]。

【显微鉴别】

本品粉末棕褐色。橡胶丝较多，散在或贯穿于叶肉组织及叶脉组织碎片中，灰绿色，细长条状，多扭结成束，表面显颗粒性。上、下表皮细胞表面观呈类方形或多角形，垂周壁近平直或微弯曲，呈连珠状增厚，表面有角质条状纹理。下表皮可见气孔，不定式，较密，保卫细胞有环状纹理。非腺毛单细胞，直径 10～31 μm，有细小疣状突起，可见螺状纹理，胞腔内含黄棕色物。

【理化鉴别】

① 取〔含量测定〕项下的供试品溶液作为供试品溶液。另取杜仲叶对照药材 1 g，加甲醇 25 ml 加热回流 1 小时，放冷，滤过，滤液作为对照药材溶液。再取绿原酸对照品，加甲醇制成每 1 ml 含 1 mg 的溶液，作为对照品溶液。照薄层色谱法〔通则 0502〕试验，吸取上述三种溶液各 5～10 μl，分别点于同一硅胶 H 薄层板上，以乙酸丁酯-甲酸-水（7∶2.5∶2.5）的上层溶液为展开剂，展开，取出，晾干，置紫外光灯（365 nm）下检视。供试品色谱中，在

与对照药材色谱和对照品色谱相应的位置上,显相同颜色的荧光斑点[4]。

② 取本品粗粉约 1 g,加水 10 ml,浸泡 30 分钟,滤过,滤液滴加铁氰化钾-三氯化铁试液 2 滴,显深蓝色。(检查绿原酸)

③ 取本品粗粉约 2 g,加 50% 乙醇 20 ml,浸泡 2 小时,滤过,滤液加活性炭少量,搅匀放置约 10 分钟,滤过。取滤液 5 ml,加乙醇 5 ml,0.5% 二甲氨基苯甲醛乙醇溶液 5 ml,盐酸 1 ml,置水浴加热(温度不超过 80℃)1 分钟,显暗紫色,逐渐显蓝色。(检查桃叶珊瑚苷)

【品质标志】

《江苏省中药材标准》(1989 年版)规定:杂质不得过 2%,酸不溶性灰分不得过 8%[2]。

附注:①广东、广西、四川部分地区曾使用夹竹桃科植物藤杜仲 *Parabarium micranthum*(*Wall.*)、毛杜仲 *P. huaitingii Chun et Tsiang*、红杜仲 *P. chunianum Tsiang* 的树皮作杜仲用,认为有祛风通络、强筋健骨的功效。其药材粗细不一,外皮黄褐色,皮薄,内表面黄棕色或红褐色,折断面有少数银白色富弹性的橡胶丝,胶丝稀少,薄壁细胞中可见草酸钙方晶,均不能代杜仲药用。

②浙江、贵州、湖北、云南、四川部分地区以卫矛科丝棉木 *Euonymus bungeanus Maxim.*、云南卫矛 *E. yunnanensis Franch.*(又称黄皮杜仲)的干皮作"土杜仲"入药。外表面灰色、灰褐色或橙黄色,内表面淡黄色,折断面有白色胶丝,易拉断。丝棉木组织中无石细胞而有纤维层数条,薄壁细胞中草酸钙簇晶较多,胶质团较少,不能作杜仲使用[5]。

二、 杜仲的含量测定[4]

(一) 杜仲皮

1. 药材

【浸出物】

照醇溶性浸出物测定法〔通则 2201〕项下的热浸法测定,用 75% 乙醇作溶剂,不得少于11%。

【含量测定】

照高效液相色谱法〔通则0512〕测定。

① 色谱条件与系统适用性试:以十八烷基硅烷键合硅胶为填充剂;以甲醇-水(25∶75)为流动相;检测波长为277 nm。理论板数按松脂醇二葡萄糖苷峰计算应不低于1 000。

② 对照品溶液的制备:取松脂醇二葡萄糖苷对照品适量,精密称定,加甲醇制成每1 ml含0.5 mg的溶液,即得。

③ 供试品溶液的制备:取本品约3 g,剪成碎片,揉成絮状,取约2 g,精密称定,置索氏提取器中,加入三氯甲烷适量,加热回流6小时,弃去三氯甲烷液,药渣挥去三氯甲烷,再置索氏提取器中,加入甲醇适量,加热回流6小时,提取液回收甲醇至适量,转移至10 ml量瓶中,加甲醇至刻度,摇匀,滤过,取续滤液,即得。

④ 测定法:分别精密吸取对照品溶液与供试品溶液各10 μl,注入液相色谱仪,测定,即得。

本品含松脂醇二葡萄糖苷($C_{32}H_{42}O_{16}$)不得少于0.1%。

2. 饮片

(1) 杜仲

【浸出物】

同"药材"。

【含量测定】

同"药材"。

(2) 盐杜仲

【检查】

水分同药材,不得过13%;总灰分同"药材",不得过10%。

【浸出物】

同"药材",不得少于12%。

【含量测定】

同"药材"。

（二）杜仲叶

【检查】

水分不得过 15％〔通则 0832(第二法)〕。

【浸出物】

照醇溶性浸出物测定法〔通则 2201〕项下的热浸法测定,用稀乙醇作溶剂,不得少于 16％。

【含量测定】

照高效液相色谱法〔通则 0512〕测定。

① 色谱条件与系统适用性试验:以十八烷基硅烷键合硅胶为填充剂;以乙腈 - 0.4％磷酸溶液(13：87)为流动相;检测波长为 327 nm。理论板数按绿原酸峰计算应不低于 2 000。

② 对照品溶液的制备:取绿原酸对照品适量,精密称定,置棕色量瓶中,加 50％甲醇制成每 1 ml 含 50 μg 的溶液,即得。

③ 供试品溶液的制备:取本品粉末(过三号筛)约 1 g,精密称定,置具塞锥形瓶中,精密加入 50％甲醇 25 ml,称定重量,加热回流 30 分钟,冷却,再称定重量,用 50％甲醇补足减失的重量,摇匀,滤过,取续滤液,即得。

④ 测定法:分别精密吸取对照品溶液与供试品溶液各 10 μl,注入液相色谱仪,测定,即得。

本品按干燥品计算,含绿原酸($C_{16}H_{18}O_9$)不得少于 0.08％。

第三节　杜仲的资源分布与开发利用

杜仲喜温暖湿润气候,耐寒性强。自然分布区年平均温度 13～17℃,年降水量 500～1 500 mm。多生于海拔 300～500 m 的低山、谷地或疏林中,分布于陕西、甘肃、浙江、河南、湖北、四川、贵州、云南等地。现广泛种植,以阳光充足,土层深厚肥沃、富含腐殖质的砂质壤土、黏质壤土栽培为宜。

一、 资源分布

我国杜仲分布区域广阔,黄河、长江流域均有分布,大多数分布在华中和西南暖温带气候区内,即黄河以南,五岭以北,甘肃以东。主要分布于陕西、河南、湖北、四川、云南、贵州、浙江、甘肃等地。杜仲资源的优势促进了我国杜仲产业的发展,近年来我国在杜仲资源开发利用的同时注重杜仲产业化发展的趋势,为杜仲资源开拓出了一片新的天地。

根据自然地理特点及其经济性状和形态特点的差异,将杜仲划分为 7 个主要分布区,即:(1)秦巴山区;(2)大娄山区;(3)鄂西山区;(4)武陵山区;(5)伏牛山—桐柏山—大别山区;(6)浙、赣、皖交界山区;(7)南岭山区。上述中心产区都属山区和丘陵,目前尚能看到残存的次生天然林和半野生状态的散生树,说明这些地区是我国杜仲的原始自然分布区。陕西省的杜仲主要分布于秦巴山区各县,生于海拔 400~1 500 m 的川地或山地,20 世纪 50 年代以前野生植株常可见到,但近年来已近于绝迹。目前秦巴山区各县均有栽培,偶有野生,以秦岭地区的略阳、宁强较多,北坡的眉县也有。武陵山区以位于湖南省慈利县的江垭杜仲林场为代表,其杜仲种植面积有 20 万亩左右,是全国最早建立的最大杜仲生产基地。在当地政府的高度重视下,以此林场为依托,进行的杜仲产品开发产业链也逐步拉开。贵州遵义市被誉为"中国杜仲之乡",杜仲种植栽培面积较广,以遵义市生产的杜仲为主要原料的药厂在贵州省分布有 20 家左右,带动了一方杜仲产业发展。从全国范围来看,杜仲的广泛引种栽培使杜仲的分布区域逐步扩大,目前除了广东、广西部分地区引种不成功外,全国大部分地区都有杜仲的分布。

二、 杜仲的开发利用

杜仲的传统药用部位为树皮,但随着杜仲资源的不断开发,杜仲叶、杜仲雄花、杜仲籽等作为药用或保健食品、动物饲料等的研究逐渐增多。以杜仲胶作为原料的工业及医用产品的研究与利用也日趋成熟。林业系统第一个以"绿皮书"形式连续发布了《杜仲产业绿皮书》(2013、2014—2015、2016—2017),显著提升了杜仲产业的影响力,得到了国家有关部门的高度重视。

(一)杜仲的药用价值

杜仲作为中药材,在中国、东南亚及世界华人当中长期盛行。近代研究发现杜仲具有降低血压、增强人体免疫功能、抗疲劳、延缓衰老、抗癌、预防骨质疏松等方面的良好疗效。国内外的广泛应用,使得越来越多的行业研究工作者开始了对杜仲这一资源的开发利用。除了杜仲饮片临床用于汤剂处方外,目前针对杜仲的医药产品开发一方面以原药材为主进行中成药开发,杜仲平压片、杜仲颗粒、杜仲壮骨胶囊、强力天麻杜仲丸等;另外还有以杜仲提取物开发的天然产物作为药用原料添加,如绿原酸、京尼平苷等。随着杜仲研究的逐步深入,杜仲在医药领域的应用范围也在逐步扩大[6]。

(二)保健食品开发

杜仲叶目前列入卫生行政管理部门发布的《既是食品又是药品名录》,杜仲为可用于保健食品的药物,杜仲籽油和杜仲雄花均已被列入国家新食品原料(新资源食品)目录之中。20世纪80年代,我国杜仲保健品的开发起步,目前已开发出了杜仲茶、杜仲花提取物胶囊、杜仲口服液、杜仲饮料等产品。此外还有杜仲饼干、杜仲糖、杜仲口香糖、杜仲方便食品等近300个品种。但是大多为粗制剂,技术含量低,市场没有打开。杜仲因为其良好的药效及较轻的不良反应,也成为具有开发价值的保健食品资源之一[7]。

(三)杜仲胶的开发

杜仲胶是一种天然高分子材料,国际上习称古塔波胶(Gutta-Percha)或巴拉塔胶,具有室温下质硬、耐摩擦、耐水、耐酸碱、电绝缘性好,熔点低、易加工的特点,长期以来用作塑料代用品、海底电缆、高尔夫球等。随着对杜仲胶硫化过程规律性认识的深入,现有三大类不同用途的材料:热塑性材料,热弹性材料和橡胶弹性材料[8]。杜仲胶作为热塑性材料具有低温可塑加工性,生物基杜仲胶的记忆效应,无生理毒性的特点以及独特的橡塑二重性可开发具有医疗、保健、康复等多用途的人体医用功能材料,可用于生物医疗中的骨折固定,防血栓阻塞系统等,如杜仲胶保健护腰板、医用功能的骨折夹板等。作为橡胶弹性材料具有寿命长、防湿滑、滚动阻力小等优点,是开发高性能绿色轮胎的极好材料。由于杜仲制品还有质轻、干净、操作方便,透X线、耐磨、随体性好等特点,可制成假肢套、运动安全护具、矫形器、温控开关、多用途形状记忆接管、防水堵漏材料、雷达密封材料、轮胎等。杜仲胶应用广泛,可望开发成一类新型材料应用于国防、交通、通讯、电力水利、建筑等国民经济建设的各个领域[9,10]。

(四) 饲料添加剂开发

杜仲为传统的中药,然而近年来的研究表明以杜仲叶及其提取物作为家禽、家畜的饲料添加剂,不仅能预防疾病的发生,减少预防用药,增加了食用安全性,还能提高食用品质,增强口感。其主要发挥抗病作用的成分为绿原酸。以杜仲作为饲料添加剂,可以使鸡的产蛋率提高 $30\% \sim 40\%$,鸡蛋中胆固醇含量大大降低;用以饲养鱼、虾、蟹、甲鱼、鳗、食用蛙等时也有较好的效果。同时,以杜仲叶为原料的饲料加工技术简单,成本低、见效快,市场前景广阔[11]。

(五) 其他

研究发现,在杜仲木中含有一定的杜仲有效成分,长期使用,对人体具有一定保健作用。杜仲木有洁白光滑、美观耐用的特点,是制作高档家具和木制工艺品的优质材料,同时也可制作优质的杜仲保健筷和杜仲牙签。以杜仲果实为原料提取的高品质杜仲油,富含营养、安全品质优且有药效,现有高档食用油、医药用油、高档化妆用油及其微胶囊化功能新产品开发出来[12]。杜仲叶提取杜仲胶或药用后的胶渣或废渣,也可用以生产具耐酸碱、耐水火并绝缘等特点的新型装饰材料。另外,尚有利用杜仲叶药渣生产复合肥料等,这些产品的开发都有较好的市场前景。

第四节 杜仲的炮制研究

一、杜仲炮制的历史沿革

杜仲炮制历史由来已久,早在汉代《华氏中藏经》一书中就明确记载了当时杜仲的加工炮制方法:"去皮,剉碎,慢火炒令断丝"。梁代陶弘景所著《本草经集注》一书中也指出:杜仲"用之薄削去上甲皮横理,切令丝断也"。南北朝刘宋时期,杜仲炮制有了进一步发展,除了继承前代杜仲炮制的方法外,还增加了辅料,且讲究辅料比例,如《雷公炮炙论》提出了酥蜜炙,并明确规定了辅料比例及用量。唐代孙思邈《千金翼方》中含杜仲的医方,采取捣为末(蜜丸、散剂)、切(药酒)等多种炮制方法。宋代更加注重炮制的必要性,《太平惠民和剂局方》记载以姜汁炙杜仲:"令无丝为度,或只锉碎以姜汁拌炒,令丝绝亦得"。根据临床用药的需要,又创造了杜仲的酒制品,如《全生指迷方》:"杜仲去粗皮,杵碎,酒拌,炒焦"。不仅如此,同时还注意到了辅料浸润的时间,如"酒拌一宿炒焦"。然后又进一步明确指出药物饮片规格和火候问题,如《普济本事方》云:"杜仲,去皮,剉如豆,炒令黑"。

元明时期,姜汁制、酒制、酥制、盐水制、盐酒制、姜酒制、麸炒等多种杜仲炮制品,在临床中已广泛应用。《洪氏集验方》:"杜仲去粗皮,用生姜汁并酒合和涂炙令熟"。陈嘉谟的《本草蒙筌》中记载"刮净粗皮,咀成薄片,姜汁润透,去丝……姜汁和酒炙,连炒去丝"。清代,杜仲制品上又有新的发挥,如赵学敏所著《串雅内编》一书中,记载了"杜仲,糯米煎汤浸透炒去丝"的方法[13]。严西亭等编著的《得配本草》对杜仲的各种炮制品应用范围做了进一步的论述:"治泻痢酥炙,除寒湿酒炙,润肝肾蜜炙,补腰肾盐水炒,治酸痛姜汁炒"。

纵观杜仲的炮制历史,杜仲炒断丝是古今炮制的主体,盐是杜仲炮制应用最普遍的辅料。杜仲的盐制意义自明代陈嘉谟《本草蒙筌》提出"入盐走肾脏仍仗软坚"后,有"引药入肾,助其补肾健腰,强筋骨"之功。现代实验研究认为,盐制杜仲比生品作用增强一倍。

二、《中国药典》及地方炮制规范中杜仲的炮制特点

现代《中国药典》从 1963 年版起开始收载杜仲,并规定了炮制方法及规格,强调:"去粗皮,切块,武火炒黑,炒断丝,称为杜仲炭"。1977 版及 1985 版药典则说明要以:"文火炒至断丝,表面焦黑,制成盐杜仲"。浙江、江西、广西用文火或中火炒制,其他地区大多以武火炒黑或黑褐色,东北、西北及北京、内蒙古、浙江、河南等地明确称此为"杜仲炭"或"炒炭",同时西北地区以及北京、内蒙古、山东、河南、广西等地在炒制火候上明确要求"炒断丝"。

1959 年到 1988 年出版或再版的省级地方性杜仲炮制规范,在净制方面,各地均要"去杂质",华东及西南地区还要求去粗皮或残留粗皮。切制方面,东北及山东、河南等地为"干切",其他地区一般为"湿切"(洗润后切)。

盐炙杜仲的加盐量及加盐方式,多以 100∶2 及 100∶3[14]。1963 版《中国药典》为 100∶3,后喷,而 1977 版及 1985 版则改为 100∶2,先润。上海用盐量最高 100∶5。加盐形式以"后喷""先润"为主,少数地区如上海、云南为"边炒边喷"。《中国药典》2015 年版一部"取杜仲块或丝,照盐炙法炒至断丝、表面焦黑色"。

三、 杜仲炮制的工艺及方法

历代应用均强调炮制后入药,杜仲炮制的目的,去外皮,是去除质次无味的木栓层部分,使药材纯净,选取质量好的药用部位;炙、炒是为了"断丝",有利于调配,煎煮和粉碎;辅料制是借辅料的作用,更好地发挥疗效,特别是增强降压作用。杜仲胶为非有效成分,影响有效成分的煎出,但杜仲胶经高温易破坏,故经过加热方法破坏杜仲胶,以利于有效成分的煎出,达到破胶增效的目的[15]。

（一）杜仲炮制工艺

1. 净制

杜仲粗皮重量占全杜仲的比重较大,约 27.06%[16],且未去粗皮的杜仲饮片较去粗皮者的总成分溶出量低 30%左右[17]。因此,净选加工杜仲时,一定要刮去苔垢和粗皮,再供药用。现行标准为:4～6 月剥取,刮去粗皮,堆置"发汗"至内皮呈紫褐色,晒干[18]。

2. 切制

杜仲饮片规格有:片状、豆大、粗末、细丝、小方块。其中,细丝和切片在同一条件下煎煮,前者水煎出率为 18.19%,后者仅为 10.45%[19]。然而,杜仲饮片规格的现行标准为:呈板片状或两边稍向内卷,大小不一,厚 3～7 mm[18]。由于杜仲中含有橡胶,故饮片不宜过大,否则影响其与溶剂的接触面积,不利于有效成分的煎出。一般认为,杜仲横丝的煎出率较其块、条高得多。然而,切制规格对总成分溶出的影响并非绝对与饮片表面积成正比,如丁的面积小于纵丝面积,但丁的煎出率与纵丝无明显差异。此外,切制方向也明显影响着杜仲总成分的溶出,如面积大的横丝的煎出率比面积小的丁丝的煎出率高;而面积小的丁的煎出率与面积大的纵丝无明显差异,其原因是横丝的切制方向与橡胶丝方向垂直[20]。杜仲不同切制规格,其煎出率也不尽相同,实验研究[21]结果表明,横丝＞纵丝＞块;横丝以切成 0.5 cm 宽最有利于总成分的煎出。

3. 杜仲炒炙方法

（1）清炒制杜仲

生品置炒锅内,先武火后文火,不断翻炒,炒至断丝,有的块边缘开始冒烟,外表黑褐色,内褐色,丝断取出。

（2）炙杜仲

① 常用辅料

蜜、酒、姜汁、盐水、糯米汤、麸皮、酥油。

蜂蜜:蜂蜜性味甘平,且有健脾和中,止痛,解毒之功。与杜仲共制,能助杜仲发挥补肝益肾之效,且可防杜仲温燥之弊。据近代研究,杜仲中含有一种糖苷成分,容易水解为苷元,而蜂蜜有助于苷元溶解之作用。

酒:酒性辛温,能升提药力,通经活络,为良好的有机溶剂。与杜仲共制,可助杜仲治疗肾气不足因寒湿诱发的腰腿疼痛。据近代研究,杜仲中含有一种树胶成分,这种树胶有碍于杜仲有效成分溶出,是一种难溶于水,易溶于醇的硬树胶。加酒与杜仲炒,可不同程度地破坏杜仲中之树胶,有利于有效成分溶出,增强杜仲疗效。

姜汁:姜味辛而性温,具散寒、和中、止呕之效,与杜仲共制,可助杜仲解除寒湿所引起的腰脊痛以及胎动不安。

盐:盐属咸寒之品,咸能入肾,寒能降火。用之制杜仲,能将药力直引下焦,共奏补肾强腰之效。

麸皮:麸皮性味甘平,含淀粉、蛋白质等,能健脾益气,消除药物的某些刺激性。用之与杜仲共炒,增加补益脾胃之气。麸皮是一种传热的中间体,可使杜仲受热均匀,不易炭化。

酥油:酥油甘平,能润五脏,补肾精。用之酥炙杜仲,可增强杜仲补益精气之作用。且油酥杜仲有受热均匀,容易断丝的优点。

② 杜仲炮制品

盐炙杜仲:取杜仲丝或块,用盐水拌匀,闷透,置锅内用文火加热,炒至丝断,表面焦黑色,取出放凉;或取杜仲丝或块,用盐水润透,放置一夜,蒸一小时,取出,干燥。盐制杜仲有增强补肝肾,强筋骨的作用。

砂烫制杜仲:将杜仲块按厚薄大小分档,喷洒适量盐水,拌闷备用。再将干净细砂置锅内加热,翻炒至沸腾状,然后将杜仲块倒入锅内,快速翻炒至表面呈黑褐色,取出筛去细砂,摊晾,备用。砂烫杜仲的水溶性浸出物绿原酸含量和成品收率均高于炒杜仲炭,且杜仲炭在炮制过程中损耗达30%~50%,我们认为砂烫杜仲炮制法可以取代炒杜仲炭法。

烘制杜仲:将杜仲块按大小厚薄分档,置于电烘箱内烘制(270℃~280℃),杜仲块呈褐色取出,喷盐水(每1 kg杜仲块用18 g食盐),摊晾,备用;或杜仲加盐水润透,置烤箱中烘烤。

炭制杜仲:取杜仲块置锅内,武火炒至黑色,并断丝存性,用盐水喷洒,取出晾干;或取杜仲块先用盐水拌匀,待盐水吸尽后置锅内武火炒至黑色并断丝存性,用水喷灭火星,取出晾干。

土炒制杜仲:土炒法与砂烫法相似,当灶心土至温热状态时,入杜仲炒约 7 分钟,出锅喷盐水即成。炒杜仲温度较高且易控制温度,杜仲受热均匀,胶丝易断,断丝率可达 95％左右,损耗率最低仅为 18％。每锅用时约 13 分钟,炒后杜仲疏松且丝已断,易吸收盐水,能增强补肝肾之效。土炒有增强健脾、止血作用,对于妇科胎动不安的治疗更为适用[22]。

微波制杜仲:将杜仲刮去粗皮,切成 1 cm 宽的块片,用食盐水拌匀,闷润,平摊成层厚约 1 cm,设定微波强度和加热时间,及时取出,放凉即可。微波加热法样品绿原酸的含量高于炒法和烘制法的样品,这可能与微波加热具有穿透力强、内外同时加热、加热时间短有关,且炮制品外观完整,无焦化糊化现象。试验证明,微波对盐杜仲的有效成分影响不大[23],微波高火加热 15 分钟为最佳。

第五节　杜仲的化学成分研究

一、杜仲主要化学成分类型

杜仲化学成分主要包括木脂素、黄酮、环烯醚萜、苯丙素、多糖、甾萜类、杜仲胶、酚苷类、抗真菌蛋白、维生素和微量元素、氨基酸和脂肪酸等 14 类成分,这些种类的化合物共计超过 196 种。杜仲的化学成分类型还有挥发油等,其化合物数目不详。其中木脂素类、环烯醚萜类、黄酮类成分的结构较为清楚,各具结构母核五种、六种和两种。

(一) 木脂素类

木脂素是杜仲化学成分中研究最多、结构最清晰、成分最明确的一类化合物。如左月明等[24]从杜仲叶中分离鉴定了 10 个木脂素类化合物,其中(一)-丁香脂素-4-O-β-D-吡喃葡萄糖苷、8-羟基-中脂素、8-甲氧基-中脂素为首次从该植物中分离得到。目前为止,在杜仲皮中已被报道过的结构清楚的木脂素类化合物达 32 种,而其中大多数为苷类化合物[25,26],如松脂醇二葡萄糖苷、丁香脂素二葡萄糖苷、松脂醇葡萄糖苷、杜仲素 A 等[27,28]。另有报道[29]显示,杜仲里的木脂素类化合物共有 5 种结构母核,分别是双环氧木脂素、单环氧木脂素、新木脂素、倍半木脂素和环橄榄脂素。

(二)环烯醚萜类

环烯醚萜是臭乙二醛的缩醛衍生物,分子中含有环戊烷结构单元,杜仲醇类无环烯醚键,可看成环烯醚萜开环后的产物,这类化合物还包括环烯醚萜多聚体,其在新鲜植物的组织中含量较高。宁娜[30]从杜仲叶中分离得到 3 个新的此类化合物 eucomosideA、B、C,其中 eucomosideA 是首次发现的具有(在 C_3 和 C_4 之间是饱和键,且在 C_3 与葡萄糖单元中 C_2 之间有一醚键)特殊结构的环烯醚萜类物质,eucomosideB 和 eucomosideC 也是首次发现的由环烯醚萜和氨基酸键合成的化合物。张忠立等[31]从杜仲叶中得 9 个环烯醚萜类化合物,其中交让木苷、鸡屎藤苷甲酯、马钱素、8-表马钱素、7-表马钱素、去乙酰车叶草苷酸甲酯为首次从杜仲里分离得到。迄今从杜仲中得到的包括杜仲醇苷、杜仲京尼平苷[32]、京尼平苷酸、车叶草酸、桃叶珊瑚苷等在内的环烯醚萜化合物共 29 种[33]。研究[34]显示杜仲中发现的环烯醚萜类成分结构母核共有六种。

(三)苯丙素类

苯丙素类在杜仲中广泛存在,是形成木脂素的前体,2015 年版《中国药典》将苯丙素类化合物绿原酸含量作为杜仲叶生药的主要有效成分和质量控制的标准。对苯丙素类的报道较少且主要集中在绿原酸、香草酸等活性成分的研究上。研究显示,杜仲中已发现的苯丙素类化合物有 14 种[34],包括咖啡酸、二氢咖啡酸、松柏酸、绿原酸、愈创木丙三醇、绿原酸甲酯、丁香苷、间羟基苯丙酸等。

（四）黄酮类

黄酮类化合物作为杜仲的主要活性成分之一，其含量一直是杜仲生药和产品质量的重要评价指标，目前已从杜仲中分离得到黄酮化合物 18 种[35]，主要包括山奈酚、槲皮素、紫云英苷、陆地锦苷、芦丁等，其母核有两种结构，分别是以山奈酚和槲皮素为结构母核。

（五）糖类

目前在杜仲里发现的糖类有蔗糖、杜仲多糖 A、杜仲多糖 B，有的文献又作杜仲糖 A、杜仲糖 B。两者均为酸性多糖，杜仲多糖 A 较 B 早发现，前者由 D-葡萄糖、L-鼠李糖、D-半乳糖、D-半乳糖醛酸、L-阿拉伯糖以摩尔比 4：5：6：8：8 组成；后者由 D-半乳糖、L-阿拉伯糖、L-鼠李糖、D-半乳糖醛酸按摩尔比 5：10：24：24 组成[36]。

（六）甾萜类

目前在杜仲中得到的主要有甾醇类 β-谷甾醇、杜仲丙烯醇等，三萜类白桦脂酸、熊果酸等，两者共计 10 多种化合物[37]。

（七）杜仲胶

杜仲胶为白色丝状物，易结晶，普遍存在于杜仲各组织，成熟果实中含量最高，达 15%～27%；干燥树干皮中为 6%～10%；干燥树根皮中为 10%～12%；成熟干燥叶中为 3%～5%[38]。同时杜仲胶是一种重要的化工原料，也可用作新型的医用功能材料。

（八）酚类、酚苷类

目前从杜仲中所得酚类、酚苷类成分共 13 个。现从杜仲中分离鉴定的酚类成分有儿茶酚、儿茶酸、表儿茶酸、Eucophenoside、没食子酸、寇不拉苷、原儿茶酸、原儿茶酸甲酯、焦棓酸、香草酸共 10 种[34]。酚苷类化合物是苷元分子中的酚羟基与糖的端基碳原子缩合而成，现从杜仲中已得 pervosideA、丁香酸葡萄糖苷、香草酸葡萄糖苷[39]三种酚苷类成分。

（九）抗真菌蛋白

杜仲抗真菌蛋白（eucommiaantirungalprotein，EAFP）为一种能抑制真

菌生长的蛋白,最早于 1994 年被中科院昆明植物研究院的刘小烛[40]在杜仲皮中发现,并将其命名为 EAFP。现已从杜仲中分离获得 3 种亚型:EAFP1、EAFP2 和 EAFP3,为首次发现含 5 对二硫桥键的植物抗真菌肽,它们都对植物病原真菌有较好的抑菌效果[41]。

(十)微量元素和维生素

臧友维[42]研究测定了杜仲皮和叶中锗、硒等多种微量元素的含量。于学玲等[43]对杜仲皮和叶中的微量元素进行分析,检出了 13 种人体必需微量元素,同时发现杜仲皮和叶中含有丰富的维生素 E 和 β-胡萝卜素,以及少量的维生素 B_1 和 B_2 等。梁淑芳等[44]发现杜仲油含维生素 E 32 mg/100 g,还发现杜仲果实中含有铜、锌、锰、铁等 8 种元素。据目前研究显示,杜仲所含的微量元素有锗、硒等 15 种[45]。

(十一)氨基酸

王俊丽等[46]对杜仲愈伤组织、树叶、树皮中的氨基酸含量进行了系统研究,共检出 16 种氨基酸,其中包含 7 种必需氨基酸。另有研究[43]发现杜仲果实中的氨基酸主要以蛋白质形式存在,游离氨基酸很少。经氨基酸分析仪测定发现,杜仲果实水解产物中含有 18 种氨基酸,其中包括 8 种人体必需的氨基酸[29]。段小华等[47]借助氨基酸自动分析仪测定杜仲种子粗蛋白质含量为 25%;必需氨基酸和半必需氨基酸含量较高,分别占氨基酸总量的 33.6% 和 11.2%。目前发现的杜仲中有 Asp、Glu、Ser、Arg、Gly、Thr、Pro、Ala、Val、Met、Ile、Leu、Phe、His、Lys、Tyr、Cys-Cys 共 17 种游离氨基酸。

(十二)脂肪酸

梁淑芳等[44]发现杜仲油富含亚麻酸并首次从杜仲中发现豆蔻酸。杜仲油中不饱和脂肪酸含量为 91.18%,其中亚油酸与亚麻酸高达 73.68%。安秋荣等[48]鉴定出 10 种脂肪酸,其中包括十六碳三烯酸、亚油酸和亚麻酸 3 种不饱和脂肪酸,三者含量分别为 0.75%、1.59%、45.85%。此外,在杜仲叶挥发成分中还发现有以酸的形式存在的脂肪酸:十六碳酸和 2,5-二甲基苯丁酸[33]。

(十三) 其他

杜仲除含有上述成分外,还含有许多其他成分,挥发油就是国内外关注比较多的一种。郭志峰等[49]采用色谱质谱联用,对杜仲叶的挥发油成分进行分离鉴定,共得 45 种成分,并鉴定 25 种。韩国学者用 GC-MS 对杜仲叶和皮中的挥发性成分进行了分析,分别从皮叶中检出挥发油成分 49 种和 35 种。巩江等[50]采用水蒸气蒸馏从杜仲叶中得到 38 种挥发性成分,占杜仲挥发油总量的 96.18%,其中含量较高的有叶醇(19.61%)、3-四氢呋喃甲醇(57.02%)、植醇(6.37%)。黄相中等[51]采用同法对云南杜仲挥发性成分进行研究,分析得到 99 种成分。

二、 杜仲不同部位的化学成分研究

诸多研究表明,杜仲各部位的成分类型相似,但含量差异显著。迄今在杜仲不同部位,采用不同的方法得到了很多首次在杜仲植物中发现的化合物,甚至新成分。而杜仲皮中木脂素类成分(松脂醇二葡萄糖苷)、环烯醚萜类成分(京尼平、京尼平苷等)占比较大,含量显著高于其他部位;杜仲叶中绿原酸等酚酸类成分含量显著高于杜仲其他组织和部位;杜仲雄花中黄酮类、黄酮苷类化合物含量高于其他部位;杜仲果实中含油率、含杜仲胶率都较高,且杜仲果实中桃叶珊瑚苷等特征性成分含量也很高。

(一) 杜仲皮

杜仲皮是传统药用部位,也是胶质提取的原料药材。国内外学者对杜仲皮的研究很多,杜仲皮活性成分主要以木脂素类化合物松脂醇二葡萄糖苷及环烯醚萜类化合物京尼平、京尼平苷、京尼平苷酸为代表。杜仲皮中松脂醇二葡萄糖苷含量约为叶中含量的 18 倍,杜仲皮中咖啡酸含量约为叶中的 3 倍[52]。现已从杜仲皮中分离并鉴定清楚的木酯素类成分有 32 种,环烯醚萜类成分 29 种。另外,李锟等[53]对杜仲皮进行系统的化学成分研究,分离并鉴定了 8 种化合物,其中,化合物 8-羟基松脂素、C-veratroylglycol、β-羟基-3-甲氧基-4-羟基苯乙酮、3-hydroxy-4-methoxycinnamaladehyde 均为首次从杜仲中分离得到。陈丽霞等[54]从杜仲皮的环己烷、二氯甲烷萃取部位首次得到 ParatocarpinE，loureirinC，PrenyllicoflavoneA 等 12 种化合物。陈彩娟等[55]从盐炙杜仲中首次得到原儿茶酸甲酯。这些研究说明杜仲皮内仍有很多化学成分正不断被发现，这也说明对杜仲化学成分的探索仍有潜在价值。

（二）杜仲叶

作为杜仲药用资源的扩展，杜仲叶于 2010 年被收录于《中国药典》，杜仲叶中的活性成分以黄酮类化合物槲皮素和酚酸类化合物绿原酸为代表[56]。钟淑娟等[57]指出，杜仲不同部位中以叶的总黄酮含量最高，雄花次之，而皮和籽中的总黄酮含量较低。孙凌峰等[58]的研究表明，杜仲叶中绿原酸、桃叶珊瑚苷、松脂醇二葡萄糖苷、山柰酚、氨基酸等成分的含量均显著高于杜仲皮中的含量，而在药用和药效作用方面，杜仲叶与杜仲皮基本相同，甚至可完全代替杜仲皮。另外，世界各地学者从杜仲叶中也分离并鉴定了很多首分成分。如左月明等[59]从杜仲叶中首次得到正丁基-O-β-D-吡喃果糖苷、α-D-吡喃葡萄糖基-（1－1'）-3'-氨基-3'-去氧-β-D-吡喃葡萄糖苷、落叶松脂醇、（3S，5R，6R，9S）-四羟基-7-烯-大柱烷等 10 种化合物。彭应枝[60]从杜仲叶中首次得到绿原酸甲酯。杜仲叶中又含有独特的成分，龚桂珍[61]的研究发现，杜仲叶在 10、32、33.5 和 35.5 分钟出现了 4 个杜仲皮中未出现的色谱峰，同样在 16 分钟处出现的色谱峰只有杜仲皮才含有。从 24 分钟到 30 分钟，杜仲叶中仅仅出现了 4～5 个清晰洗脱峰，而杜仲皮却显得相当复杂，出现了一组难以分离的化学物质。杜仲叶和杜仲皮中的化学成分存在着明显的差异[62]，两者都含有相互不含有的特异性成分。杜仲叶不仅含特异性成分，且为可再生资源，值得进一步研究和开发。

（三）杜仲雄花

杜仲为雌雄异株，杜仲雄花即为杜仲雄树开的花。研究显示从杜仲雄花中分离鉴定出 10 种黄酮和 9 种三萜类成分[63,64]，还有研究[65]测定杜仲雄花中儿童必需氨基酸含量、味觉氨基酸含量与药用氨基酸含量丰富，共有 17 种氨基酸，总氨基酸平均含量为 20.62%。杜庆鑫等[66]用分光光度法测定杜仲总黄酮含量表明雄花明显高于叶。另外,严颖等[67]从杜仲雄花中分离鉴定出 32 种成分,并首次在杜仲中得到冬绿苷。丁艳霞等[63]于杜仲雄花 95％乙醇提取物中共得黄酮类化合物 10 种,其中柚皮素、江户樱花苷、槲皮素-3-O-β-D-葡萄糖基(1－2)-β-D-葡萄糖苷、异鼠李素-3-O-β-D-葡萄糖苷均为首次从雄花中得到。王腾宇等[64]从杜仲雄花中共分离鉴定了 9 种三萜类成分,其中 3-oxo-12-enursane-28-O-α-Larabinofuranosyl(1－6)-β-D-glucopyranoside[45]为新化合物,2α、3β-dihydroxyurs-12-en-28-oicacid(28－1)-β-D-glucopyranosylester,熊果酸,α-香树脂醇,熊果醇,3-O-乙酰基熊果酸乙酸酯,3-O-乙酰基齐墩果酸等,为首次从杜仲植物中发现,且这些化合物多为乌苏烷型三萜化合物。目前研究[68－70]已发现杜仲雄花含有环烯醚萜类、苯丙素类、黄酮类等 60 多种成分,还发现杜仲雄花中黄酮苷类成分含量较皮叶更高[66]。杜仲雄花中还含有丰富的粗蛋白、氨基酸、多糖以及矿物质元素等营养成分,具有很高的营养价值[71,72]。这些研究发现为杜仲雄花的进一步开发利用提供了有力证据,且可作为对杜仲药用资源的扩展研究基础和依据。

（四）杜仲其他部位

有学者利用色谱柱从栽培杜仲茎中分离出 10 种化合物,并与杜仲皮比较,其成分大致相同[70]。曾黎琼等[73]的试验分析测定了杜仲愈伤组织(叶片、茎段、子房、花药等的培养物)的化学成分,并与杜仲树皮、叶片的主要药用成分(桃叶珊瑚苷、绿原酸)进行含量比较,结果表明杜仲各愈伤组织与杜仲皮、叶的组分大致相同,但桃叶珊瑚苷等主要有效成分含量均有一定差异。江咪等[74]从杜仲种子分离并鉴定出 15 种化合物,其中环烯醚萜类 4 种,苯丙素类 5 种,三萜类化合物 3 种,甾体类、糖类、生物碱类成分各 1 种。另有研究[75,76]表明杜仲翅果中桃叶珊瑚苷含量高于其他部位,达 8％～11％,且翅果中富含油脂、蛋白以及绿原酸、桃叶珊瑚苷、环稀醚萜苷等多种天然活性成分。杜仲翅果由果壳和果仁组成,果壳含胶量达 15％以上,是提取杜仲胶的主要原料;果仁含油率 25％左右,其中亚麻酸占不饱和脂肪酸的 60％以上。杜仲籽粕作为杜仲果提油后的残渣,还含有大量的药用成分,如徐婧等[77]从杜仲籽粕里得到桃叶珊瑚苷纯度达 90％以上。季馨怿等[78]在杜仲根中得到 5 种成分,其中 4-甲基-7-羟基香豆素、原花青素 B₂ 为首次在杜仲植物中发现。

三、 产地和采收期影响杜仲化学成分

受不同地区的土壤、温湿度、降雨量等环境条件的影响,不同产地杜仲的化学成分含量存在明显差异性。黄伟[79]研究表明,湖北宜昌、贵州遵义的杜仲皮样品中松脂醇二葡萄糖苷含量不符合药典标准;河南、陕西的最高,且高于药典标准的两倍;四川旺苍产杜仲皮中松脂醇二葡萄糖苷的含量要远低于省内其余地方。此外,河南、陕西产杜仲叶中绿原酸含量最高,四川产杜仲叶中绿原酸含量接近药典,湖北、贵州产杜仲叶中的绿原酸含量最低。唐芳瑞等[80]发现杜仲叶质量与地域之间差异虽然不十分明显,但存在一定的相关性,且部分化学成分相对含量存在较大差异。

采收期也是导致杜仲化学成分差异的重要因素,而且主要体现在成分含量的差异上,这与采收季节及采后的处理方式密切相关。郑英等[81]发现杜仲叶中各指标成分随采收期呈先上升后下降的趋势,其中绿原酸含量 7 月中旬达最高,松脂醇二葡萄糖苷和总黄酮含量均在 8 月上旬达峰值。杜庆鑫等[82]发现杜仲雄花中总黄酮、绿原酸以及活性成分总量均以花蕾期最高,始花期最低;桃叶珊瑚苷量总体呈下降趋势;京尼平苷酸量花蕾期最低,至盛花期达到最高值,末花期有所下降;京尼平苷、异槲皮苷和紫云英苷量均以盛花期最高,始花期最低。有研究[83]指出采收后若不及时进行酶失活等处理,则贮藏过程中杜仲木脂素糖苷的含量就会降低。

四、 炮制对杜仲化学成分的影响

杜仲炮制方法虽多,但最常用的炮制方法为盐炙。研究表明[84],杜仲经 160℃盐制后,环烯醚萜类成分含量降低,而木脂素类成分的苷元含量增

加。与生品相比,杜仲盐制品中总氨基酸的含有量增加 24％,总多糖增加 78％,总黄酮降低 16％[85]。另有研究[86]发现,经炒、蒸、微波和适当高温烘制(80℃、100℃、120℃)等不同程度的初加工后,杜仲叶中京尼平苷酸和绿原酸等成分含量与自然阴干、低温烘干的相比明显增加。

目前认为,杜仲盐制改变其化学成分可能是由于温度的改变,使得杜仲胶被破坏,增加某些有效成分的溶出,或改变各化学成分群的配比关系,以及盐制能改变杜仲中大多数化学成分的结构,增加亲脂性,从而促进其吸收入血,提高体内生物利用度[85]。另一方面,杜仲成分的热不稳定性使得黄酮类成分在高温下会发生水解、氧化和裂解反应,导致其化学成分含量降低,而 80℃烘制的杜仲叶样品中绿原酸含量明显低于 100℃和 120℃,这可能因 80℃不能使多酚氧化酶在短时间内失活而阻止绿原酸的氧化缩合作用,故绿原酸的含量下降[87]。炮制还会导致木脂素苷类成分的糖苷键断裂,故木脂素苷元类成分含量显著增加。而环烯醚萜类化合物在加热条件下会发生氧化或聚合反应,所以经炭制、盐制等炮制后其含量降低[84]。

五、 杜仲血清药物化学研究

血清药物化学的变化与化合物的结构和代谢机制密切相关,有研究[88,89]表明,京尼平苷在大鼠体内的主要代谢途径发生在环烯醚萜去糖基化后,随后发生葡萄糖醛酸化和吡喃环断裂;松脂醇二葡萄糖苷的代谢过程包括去糖基化、环裂解、脱甲基、脱羟基和氧化。据报道[90],在给药后 7 小时内的各时间点用 HPLC 分别测定大鼠胃、小肠、盲肠及膀胱尿液和血浆中绿原酸及其代谢物,发现在胃中可检测到绿原酸及其代谢物,而且它能以完整形式在大鼠胃中被迅速吸收。目前认为:一方面,杜仲血药浓度的差异可由体脂百分比、血浆体积、器官血流量、药物代谢酶表达、药物结合蛋白和内源性物质等多种因素引起;另一方面杜仲血清药物化学成分的组织分布也取决于其化学成分的脂溶性、渗透性和对组织室的亲和力等。

中药材的化学成分复杂,现行质量控制体系大多采用测定药材中的指标性成分以控制其质量[91—95],但指标成分不等于发挥药效的成分,所以对杜仲药材的入血成分含量进行测定,更能真实反映药材品质优劣。刘星等[94]通过液质联用检测了 23 批杜仲样品中入血成分的含量,结果表明京尼平苷酸、绿原酸和松脂醇二葡萄糖苷均以原型入血。李永军等[95]指出京尼平苷酸、原儿茶酸、绿原酸、松脂醇二葡萄糖苷、松脂素在大鼠体内的各个阶段含量差异明显,各具不同的半衰期、吸收速率、血药浓度峰值、达峰时间以及表观分布容积等药代动力学特征。安静等[96]研究表明松脂醇二葡萄糖苷、京尼平苷、京尼平苷酸、桃叶珊瑚苷、绿原酸均为口服杜仲入血后的有效成分,具有雌激素样作用,而雄性大鼠的吸收较雌性更好更快,消除速率反之。研究还指出这五种成分在正常鼠和去势鼠体内均被检测到,其代谢有先升后降的共同趋势,且这些成分容易分布到肝、脾、肾等供血丰富的组织,但其在小鼠肝、脾、肾、子宫等组织的分布各异,且含量差异明显。

第六节 杜仲的药理毒理研究

一、降压作用

杜仲降血压的有效成分是松脂醇二葡萄糖苷。研究发现杜仲叶浸膏对猫的降压作用,猫用成巴比妥(35 mg/kg)腹腔注射(ip)麻醉,用颈动脉插入管法测量平均动脉,结果表明,杜仲叶浸膏对麻醉猫具有非常明显的降压作用,降压强度随剂量增加而增加,降压维持时间也随之延长[97]。临床检验证明[98],高血压患者红细胞中 Zn/Cu 比值为 15.04 ± 2.50,明显高于正常人,而杜仲叶、杜仲皮的 Zn/Cu 值仅为 3.82 和 3.46,因此杜仲叶对降低高血压患者红细胞中的 Zn/Cu 有一定的作用。用自身对照和组间对照法研究复方杜仲叶合剂对降低人体血压作用,60 例高血压受试者原服用的降压药物种类和剂量不变,并随机分为 2 组,试服组加服复方杜仲叶合剂,另一组为对照组。结果表明:两组相比差异明显($P < 0.05$),试服组血脂血清总

胆固醇(total cholesterol，TC)下降,对照组血脂各项指标无一定的变化,服用前后其尿常规及生化指标无异常,所以复方杜仲叶合剂对人体有明显的降压及调节血脂的作用,且对机体健康无不良影响[99]。对杜仲降血压有效成分进行组合,研究单组分及组合物对大鼠胸主动脉的舒张作用,实验结果表明,松脂醇二葡糖苷和槲皮素在组合比例为 1∶1 时,其血管舒张作用最好[100]。杜仲糖苷能有效地降低肾性高血压大鼠(renal hypertensive rats，RHR)的血压[101]。研究表明,杜仲中的桃叶珊瑚苷、京尼平苷酸有显著的降低血压和调节血压的功效;木脂素通过扩张血管降低血压,其舒张血管作用具有内皮依赖性,当去除血管内皮细胞后,水提物的舒张血管作用完全消失[102]。槲寄生水提液、杜仲水提液以及槲寄生、杜仲混合液对肾型高血压大鼠均有较明显的降血压作用,尤以混合液的效果最显著,且能将大鼠血压降至正常水平,并维持稳定[103]。

杜仲皮提取物的降压作用已经过多年的临床实践证明,其中木脂素是有效成分,可能与调节 NO 水平、肾素-血管紧张素系统和直接舒张动脉有关[104]。进一步研究木脂素的舒血管作用,发现有一定的内皮依赖性,腺苷三磷酸(adenosine triphosphate，ATP)敏感性 K^+ 通道活性改变是其参与动脉血管舒缩调节的重要机制[105]。木脂素对高血压引起的肾损害还具有保护作用,主要是通过降低 SHR 功能指标 N-乙酰-β-D-氨基葡萄糖苷酶(NAG)的活性及微量白蛋白与尿肌酐的比率,使肾皮质微血管外Ⅲ型胶原表达量明显下降,并且抑制血管紧张素Ⅱ诱导的肾系膜细胞的增殖,降低肾脏醛糖还原酶 mRNA 和蛋白表达水平[106]。探讨不同剂量的杜仲嫩叶和老叶水提醇沉液对兔血压及心率的影响,结果发现静脉注射 1 g/kg、3 g/kg、5 g/kg、7 g/kg 剂量的杜仲皮、嫩叶和老叶水提醇沉液均使收缩压和舒张压显著降低,心率减慢[107]。观察杜仲叶提取物急慢性降压作用,连续 18 天灌胃杜仲叶提取物 4.2 g/kg 或 6.3 g/kg 均明显降低自发性高血压大鼠(spontaneously hypertensive rats，SHR)血压,或者一次性灌杜仲叶提取物 4.2 g/kg 或 6.3 g/kg 均明显降低肾性高血压大鼠血压,可以得出杜仲叶提取物有明显的降低急慢性血压作用[108]。在探讨杜仲叶总黄酮降血压作用过程中,用微波辅助法制备杜仲叶总黄酮,对其含量和组成进行分析检测,并在建立的高血压动物模型上,检验杜仲叶总黄酮对实验性高血压大鼠的血压作用效果,结果与高血压模型相比,其能显著降低实验性高血压大鼠的血压水平[109]。

二、预防骨质疏松

实验研究发现,杜仲提取物或杜仲联合其他药物的水煎剂,对去势大鼠及维 A 酸致骨质疏松的小鼠模型都具有很好的干预作用,均可提高模型动物的骨质量,优化骨小梁结构。其中通过研究杜仲与续断配伍[110]、杜仲与牛膝配伍[111]的水煎剂对卵巢切除骨质疏松大鼠的血清雌二醇(estradiol in serum,E2)和股骨骨密度(bone mineral density,BMD)的影响,发现其水煎剂可显著提高去卵巢骨质疏松大鼠 E2 的水平和股骨 BMD,显示了其对绝经后骨质疏松(postmenopausal osteoporosis,PMOP)的治疗效果。而对于杜仲提取物,将其作用于去卵巢骨质疏松大鼠模型上,发现通过药物的干预,大鼠第 5 腰椎骨小梁厚度(Tb. N)、骨小梁连接密度(Cnno. D)、骨体积分数(BV/TV)显著升高,骨小梁间隙(Tb. Sp)显著降低,改善了大鼠不同部位的骨密度[112]。将杜仲叶醇提取物作用于去卵巢大鼠骨质疏松模型,发现其可增加血清中的碱性磷酸酶(ALP)含量,提高股骨重量,使得胫骨的抗弯能力明显提升[113]。用杜仲叶提取物对去势大鼠骨质疏松模型进行灌胃,并分别与雌二醇组、生理盐水组进行对比,发现杜仲叶提取物可改善骨质疏松模型动物的骨代谢,增强骨密度,减少骨破坏,促进骨稳定,有效防治骨质疏松症。其他不同剂型的杜仲合成物也可改善骨的微观结构,达到增加骨小梁的目的[114]。其中有研究观察[115]杜仲壮骨丸(DZ)对维 A 酸致小鼠骨质疏松的治疗情况,通过仙灵骨葆胶囊对照组及 DZ 高、中、低剂量组的对比发现,DZ-H、DZ-M 组的小鼠股骨骨小梁百分比明显高于其他组别($P <$ 0.01),而研究表明蒙药二味杜仲胶囊[116]可提高去卵巢大鼠的 E2 水平,增

加 ERα、ERβ 的雌激素受体表达，对骨质疏松症治疗作用显著。杜仲三七颗粒则可提高去势大鼠的股骨中心骨密度及其骨含钙量（$P<0.05$），提高去势大鼠的骨密度[117]。

　　将雌性 SD 大鼠用于建立去势大鼠致骨质疏松症模型，卵巢切除后，大鼠体重及增重显著增加，且假手术组大鼠的骨密度和骨钙含量显著高于溶剂对照组大鼠，提示骨质疏松症模型构建成功。连续灌胃葛根、杜仲、淫羊藿混合物 90 天后，高剂量组大鼠股骨中心和远心端骨密度、骨钙含量均高于溶剂对照组，说明葛根、杜仲、淫羊藿混合物可以减轻大鼠去势导致骨密度降低的程度，说明葛根、杜仲、淫羊藿配伍合理，具有增加骨密度作用[118]。杜仲皮 60% 乙醇提取物既可以促进体外成骨细胞增殖，对大鼠尾悬吊所致骨质疏松具有明显的预防作用，能明显抑制尾悬吊引起的骨质减少，保护股骨骨小梁的微结构，改善大鼠股骨生物力学性能[119]，也可以防止雌激素缺乏引起的骨丢失和骨小梁结构的恶化，从而保持骨的生物力学能力[120]。还有实验证明了杜仲皮对铅暴露大鼠骨形成的刺激和骨吸收抑制均有保护作用，具有预防或治疗铅暴露引起的骨质疏松症的潜力[121]。此外，杜仲皮中的木脂素也可以预防骨流失[122]。研究杜仲叶对 SD 大鼠成骨细胞增殖及骨钙素表达水平的影响，结果发现，杜仲叶提取物具有促进成骨细胞增殖的作用，并有药物浓度依赖性。骨钙素免疫印迹实验结果表明，各加药组骨钙素的蛋白表达水平均有明显升高，证明杜仲叶对骨质疏松症的防治具有积极的作用[123]。

　　研究发现，一定浓度的中药杜仲补骨脂药对含药血清能够促进成骨细胞的增殖和成骨能力增强，同时，在信号通路研究中，杜仲补骨脂药对复方含药血清可降低成骨细胞基质金属蛋白酶 3（MMP3）水平表达调节骨桥蛋白-丝裂原活化蛋白激酶（OPN-MAPK）通路表达的水平，促进成骨细胞的活性，改善成骨行为[124]。从第 4 周开始对行双侧卵巢摘除术大鼠以杜仲叶醇提取物浸膏灌胃治疗，持续 16 周后，进行股骨组织切片分析，发现杜仲叶治疗组与假手术组相比，骨小梁明显减少，但比模型组显著增加，和激素组相比则没有明显异常，说明杜仲叶具有与雌激素相似的增加相对骨小梁数量的作用,从而防治骨质疏松症。对血清和尿液生化指标分析表明,假手术组、模型组、雌激素组以及杜仲叶治疗组中血清钙及血清磷并没有明显统计学差别,但尿钙、尿磷含量模型组显著高于其余3组,且模型组骨型碱性磷酸酶显著高于其余3组[125]。研究结果表明,杜仲有效成分杜仲松脂醇二葡萄糖苷联合牛膝有效成分牛膝竹节参皂苷可有效提升骨质疏松性骨折组织中骨的形成和转化,从而有效治疗雌激素缺乏所导致的大鼠骨质疏松性骨折[126]。

三、抗炎镇痛作用

药理实验表明,杜仲皮 70% 乙醇提取物可以调节炎症反应、滑膜细胞增殖和破骨细胞的生成[127],其水提物通过抑制 PI3K/Akt 通路来抑制骨关节炎的进展,从而延缓软骨退化,减少炎症细胞因子并阻止 MMP-3 的分泌[128],有比较研究表明,杜仲皮的不同提取物都可以改善类风湿关节炎大鼠踝关节肿胀,抑制血清和脾脏的细胞因子水平,提高 RANKL/OPG,降低 MMP-9 表达[129]。探讨杜仲皮对脂多糖诱导的小鼠腹腔巨噬细胞炎症反应的影响,发现杜仲皮能抑制脂多糖诱导的肿瘤坏死因子-α 和白细胞介素-6 的产生、减少环氧合酶-2 水平的升高、减少前列腺素 E2 和一氧化氮的产生[130]。在对二甲苯致小鼠耳郭肿胀度实验中发现杜仲不同部位水提物有不同程度的抗炎作用($P<0.01$),其中杜仲雄花组高剂量对耳肿胀的抑制作用明显($P<0.01$)[131]。

观察杜仲皮、杜仲雄花醇提物对鸡卵清蛋白(OVA)所致小鼠气道变应性炎症的影响,发现杜仲皮、杜仲雄花醇提物可能通过降低模型小鼠 OVA-IgE 产生,抑制 Th2 类细胞因子分泌,下调 Th17 细胞,抑制促炎细胞因子表达,对气道变应性炎症有一定抑制作用[132]。

用二甲苯所致的小鼠耳郭肿胀、蛋清所致大鼠足跖肿胀等炎症模型,热板法、乙酸诱导小鼠疼痛反应等模型,观察杜仲水提物的抗炎镇痛作用。实验动物每天灌胃一次,小鼠持续 7 天,大鼠持续 15 天。对照组给予蒸馏水,阿司匹林组给予阿司匹林(小鼠给予 0.25 g/kg、大鼠 0.18 g/kg),盐酸曲马朵组给予盐酸曲马朵 0.15 g/kg,高、中、低剂量组分别给予杜仲水提物(小鼠每千克给予163.80 g、81.90 g、40.95 g生药；大鼠每千克给予114.66 g、57.33 g、28.67 g生药）。分别在末次给药后进行镇痛和抗炎作用的观察。杜仲能显著延长醋酸所致小鼠疼痛扭体首次出现的时间，减少扭体次数和提高扭体抑制率及镇痛百分率，提高热板致痛小鼠的痛阈值。高剂量组的作用与阿司匹林相当，但镇痛效果不如盐酸曲马朵，呈现良好的剂量依赖关系。同时，在一定程度上杜仲能明显抑制蛋清所致大鼠的足肿胀和二甲苯致小鼠耳郭肿胀，减轻小鼠因炎性物质刺激导致的炎性渗出，作用依然呈现良好的量效趋势，高剂量组的作用与阿司匹林相当[133]。

　　观察不同炮制、不同剂量的杜仲叶、杜仲皮对小鼠耳郭肿胀的抑制作用。采用二甲苯诱导小鼠耳郭肿胀法，以生理盐水组为空白对照，地塞米松组为阳性对照，测定小鼠耳郭肿胀率和肿胀抑制率。发现生杜仲叶、炒杜仲叶、生杜仲皮和炒杜仲皮10.0 g/kg剂量组，炒杜仲叶和炒杜仲皮5.0 g/kg剂量组小鼠耳郭肿胀率显著低于生理盐水组（$P<0.05$）各种处理的肿胀抑制率都以10.0 g/kg剂量组最高。说明杜仲皮、杜仲叶具有一定的抗炎作用，且与剂量呈正相关[134]。

　　药理实验表明，杜仲子能明显减少二甲苯所致小鼠耳肿胀的体积，减少大鼠角叉菜胶足肿胀率，提高热板小鼠的痛阈值，减少醋酸引起的扭体次数，具有较强的抗炎、镇痛作用[135]。

四、 调血脂、降血糖作用

(一) 调节血脂

　　杜仲叶含有丰富的黄酮和绿原酸。采用微波辅助提取杜仲叶中绿原酸，提取量可达到29.74 mg/g。由于杜仲叶和杜仲具有类似活性成分，因而，杜仲叶也具有较好的降血脂作用，围绕杜仲叶降脂作用的研究一直受到相关学者的关注[136]。马伟等研究了杜仲茶辅助降血脂功能，杜仲茶以杜仲叶为原料，采用绿茶加工工艺制作而成。杜仲茶经水提后真空浓缩得到浓缩液，配置成低、中、高3个剂量组，给药40天后与模型组、对照组比较发现,高剂量组血清总胆固醇、甘油三酯含量均明显降低,表明杜仲叶茶具有辅助降血脂功能[137]。

采用微波辅助提取杜仲叶总黄酮并喂食高血脂大鼠 1 个月,对比给药组(高、中、低剂量组和阳性组)与模型组,发现给药组中的总胆固醇、甘油三酯、低密度脂蛋白胆固醇、脂蛋白以及载脂蛋白 B 含量较模型组均显著降低,高密度脂蛋白和载脂蛋白 A 较模型组有不同程度升高,且高剂量组较阳性组(喂食非诺贝特)对比发现,高剂量组对于改善大鼠血脂效果更好[138]。杜仲叶中的多糖能够明显降低小鼠血清中总胆固醇、甘油三酯、低密度脂蛋白和载脂蛋白 B 水平,降低动脉硬化指数和冠心指数,肝脏组织中总胆固醇、甘油三酯含量亦有明显降低。同时,血清中高密度脂蛋白和载脂蛋白 A 水平明显升高[139]。杜仲叶提取物可以抑制小鼠肝脏脂肪酸合成,促进脂肪氧化,降低血和肝脏中脂肪含量,减少脂肪沉积[140];也可以抑制内质网应激反应,增强溶酶体功能,增加自噬通量,干预脂肪变性[141];还可以调节血脂代谢紊乱、抗氧化损伤、保护血管内皮细胞、抑制 ICAM-1 表达,从而阻遏动脉粥样硬化的发生和发展[142]。

(二) 降血糖

多项研究证实,杜仲叶具有降血糖作用。杜仲叶具有降糖作用是由于杜仲叶乙醇提取物可以通过抑制 α-葡萄糖苷酶活性,延迟或阻碍多糖在消化道内水解,从而降低葡萄糖吸收来实现降血糖的效果。杜仲叶乙醇提取物对 α-葡萄糖苷酶活性的抑制作用随其质量浓度的增加而增大,当浓度为 1.00 mg/ml 时,抑制率可达 51.75%±2.15%。进一步实验结果表明,杜仲叶乙醇提取物(20%乙醇解析)对于 Caco-2 细胞中 α-葡萄糖苷酶活性也具有较强抑制作用,并且可以抑制 Caco-2 细胞对葡萄糖的吸收[143]。

杜仲叶水提物可以增加血浆胰岛素和 C 肽水平,降低糖尿病大鼠的葡萄糖-6-磷酸酶、磷酸烯醇丙酮酸羧激酶、肝脂肪酸合成酶、HMG 辅酶 A 还原酶和酰基辅酶 A-胆固醇活性,改善与 2 型糖尿病相关的高血糖和高脂血症[144]。可以显著影响绵羊机体的糖代谢,提高糖酵解关键酶基因的表达,抑制糖异生相关转录因子及酶基因的表达,并促进肝糖原的合成,进而降低血糖[145]。可以拮抗链脲佐菌素(STZ)诱导小鼠的高血糖,明显降低糖尿病小鼠的空腹血糖[146],在不影响血糖的情况下显著降低血浆胰岛素和胰岛素抵抗指数,并显著降低饮用果糖大鼠的收缩压[147],还可以通过乙二醛酶1和 Nrf2 途径,抑制晚期糖基化终产物(AGE)形成和 AGE 受体表达,减少氧化应激,改善糖尿病小鼠肾脏损伤[148]。

研究发现,对链脲佐菌素(STZ)致糖尿病小鼠连续灌胃杜仲水提取物,与模型组比较,杜仲水提物 10 g/kg 给药组的小鼠血糖显著降低,胰岛素敏感指数上升;血清中超氧化物歧化酶和谷胱甘肽过氧化物酶活性升高,丙二醛含量有所下降;胰腺组织中天冬氨酸蛋白水解酶-3、天冬氨酸蛋白水解酶-7 的蛋白含量下降[149]。与罗格列酮对照组相比,降糖效果相当。杜仲叶也具有较好的降血糖效果,杜仲叶能拮抗链脲佐菌素诱导的小鼠高血糖,明显降低糖尿病小鼠的空腹血糖,这和苏卓研究的杜仲对链脲佐菌素致糖尿病小鼠降血糖作用结果具有相同之处,表明杜仲叶和杜仲在药理作用上确有相似之处[146]。研究发现,杜仲叶黄酮可明显降低糖尿病大鼠的血糖,高剂量组(给药量 5 g/kg)给药 28 天,糖尿病大鼠空腹血糖降低 30%。杜仲叶黄酮还能改善糖耐量,口服葡萄糖耐量试验结果表明,与模型组比较,杜仲叶黄酮 2 个给药组糖负荷后,血糖及血糖曲线下面积明显下降。此外,杜仲叶黄酮还能增加游离胰岛素(FINS)水平,对胰岛细胞具有保护作用[150]。杜仲雄花还能在一定程度上预防高钠饮食引起的大鼠血压升高[151]和高脂乳剂引起的小鼠血脂升高[152]。

五、 抗肿瘤及免疫作用

研究发现杜仲总多糖具备很好的抗肿瘤活性,能够增强机体的免疫力,对抗环磷酰胺引起的骨髓抑制效应[153]。研究生杜仲和盐杜仲对小鼠免疫功能的影响和抗疲劳作用,发现生杜仲和盐杜仲均可提高小鼠非特异性免疫功能及抗疲劳能力,且作用以生杜仲和盐杜仲的醇煎液更显著[154]。杜仲水提物能抑制过氧化氢、Fe^{3+}-EDTA 等对脱氧核糖、DNA 等造成氧化损伤,故能起到防治癌症的效果[155]。

杜仲的水提液和乙醇提取液能激活单核巨噬细胞系统和腹腔巨噬细胞系统的活性,又能对迟发型超敏反应起抑制作用,从而对细胞免疫起到双向调节的作用。杜仲叶浸提物制剂对小鼠的非特异性免疫功能、细胞免疫功能和体液免疫功能都有显著促进作用[156,157]。研究表明杜仲叶多糖有增强免疫抑制小鼠免疫功能的作用[158]。杜仲叶醇提物可以增强环磷酰胺(CTX)致免疫低下小鼠巨噬细胞的吞噬能力,升高 CTX 致免疫低下小鼠血清溶血素含量[159];可以激活单核巨噬细胞系统和腹腔巨噬细胞系统的吞噬活性,增强机体的非特异性免疫功能,并能对抗氢化可的松的免疫抑制作用[160];能抑制二硝基氯苯(DNCB)所致的迟发型超敏反应,并能对抗大剂量氢化可的松所致的 T 细胞百分比降低,可使 S180 小鼠外周血中 T 细胞百分比增高,腹腔巨噬细胞吞噬功能增强,对细胞免疫显示双相的调整作用[161];还可以兴奋垂体-肾上腺皮质系统,增强肾上腺皮质功能[162]。已有研究表明,杜仲叶具有较好的免疫调节作用。研究杜仲叶对因使用抗肿瘤药物环磷酰胺而造成免疫抑制小鼠免疫功能的影响,结果表明,杜仲叶多糖能提高胸腺系数和脾脏系数,甚至在提高胸腺系数方面优于茯苓多糖。杜仲叶多糖还能在一定程度上提高小鼠腹腔巨噬细胞的廓清能力、吞噬速度及小鼠血清中溶血素的含量,说明杜仲叶多糖具有较好的免疫调节功能[159]。研究还表明,中(100 mg/kg)、高(200 mg/kg)剂量杜仲叶多糖给药30 天,可以显著提高血清中白细胞介素 2(IL-2)、白细胞介素 4(IL-4)、免疫球蛋白 G(IgG)的含量,高剂量还可以提高免疫球蛋白 M(IgM)的含量,说明杜仲多糖主要是通过提高机体免疫应答能力,从而提高免疫力[163]。

六、抗氧化及延缓衰老

动物实验表明,杜仲提取物(水提)能明显提高衰老小鼠肺组织细胞、红细胞超氧化物歧化酶(SOD)、谷胱甘肽过氧化物酶(GSH)的活性,有明显的清除体内自由基的作用。杜仲水提物还有抗生物分子氧化的作用[164]。探讨杜仲提取物抗 UVA 段紫外线致人真皮成纤维细胞光老化的作用机制,发现杜仲提取物能抑制 UVA 段引起人 MMP-1 及 MMP-3 的异常分泌,减少 I 型胶原降解[165]。

杜仲叶中的黄酮苷能显著延长小鼠负重游泳时间,降低血中乳酸和尿素氮含量,提高肝糖原的含量,降低丙二醛(MDA)的含量,提高总超氧化物歧化酶(T-SOD)过度运动后不良代谢物的生成、提高组织的耐受力以及清除运动中产生的大量自由基等作用有关[166]。实验表明其提取物还可以增加红细胞、T-SOD、过氧化氢酶和谷胱甘肽过氧化物酶(GSH-Px)的作用,降低红细胞、肝和肾中过氧化氢和脂质过氧化物的浓度[167]。研究发现杜仲叶水提物和甲醇提取物都可促进胶原合成,达到延缓衰老的目的,效果最好的实验组含大量环烯醚萜苷;杜仲叶甲醇提取物还可提高增龄变化模型大鼠的皮肤角质层转换[168,169]。用 D-半乳糖建立小鼠代谢紊乱实验性衰老模型,给予不同剂量的杜仲叶水提取物,观察其对小鼠肺和细胞中 SOD、GSH-Px 及肺血浆中 MDA 含量的影响,结果提取物组各项指标明显优于对照组和模型组,所以杜仲叶水提取物对 D-半乳糖导致的衰老小鼠氧化性损伤具有保护作用[170]。

杜仲雄花中的黄酮能明显抑制 H_2O_2 诱导的 PC12 细胞凋亡[171],有效清除羟基自由基、超氧阴离子自由基和亚硝酸盐[172],抗氧化作用显著。杜仲雄花茶可以显著提高小鼠血清和肝脏组织的 SOD 和 GSH-Px 活性,降低 MDA 含量[173];能有效延长小鼠的耐低温、耐高温、负重游泳及耐缺氧时间[174];能延长小鼠的游泳时间,降低运动后血清血尿素氮(BUN)浓度,提高肝糖原的储备量,增强清除乳酸能力[175],有延缓衰老、抗应激、抗疲劳的作用。

七、 保肝、利胆、利尿

杜仲皮的醇提物可对抗 SOD,谷胱甘肽(GSH)的降低和丙二醛的升高,具有明显的抗四氯化碳致肝损伤作用[176]。杜仲总多糖能显著降低环磷酰胺致肝损伤小鼠血清(谷丙转氨酶)ALT、(谷草转氨酶)AST 值和肝组织丙二醛、SOD 值[177]。经研究报道,杜仲具有显著的抗免疫性肝损伤和抗肝纤维化作用,对四氯化碳所致的肝损伤具有保护作用[178]。研究杜仲籽对四氯化碳致小鼠急性肝损伤的保护作用,结果表明,杜仲籽可阻止肝脏的 SOD 和谷胱甘肽过氧化物酶(GSH-Px)等抗氧化酶活性降低,减少丙二醛(MDA)在体内的积累,对四氯化碳所致的小鼠急性肝损伤起到有效的保护作用[179]。研究杜仲总黄酮对四氯化碳(CCl_4)诱导的急性肝损伤的保护作用结果表明:杜仲总黄酮能显著降低急性肝损伤小鼠血清中的 ALT、AST 活性与肝脏中的 MDA 含量,并能提高肝脏中的 SOD 与 GSH 活性。杜仲总黄酮对 CCl_4 引起的小鼠急性肝损伤具有保护作用[180]。

杜仲中含有的绿原酸有利胆作用,能增加胆汁和胃液分泌。杜仲的各种制剂对麻醉犬均有利尿作用,且无快速耐受现象,对正常大鼠、小鼠亦有利尿作用,利尿作用与桃叶珊瑚苷有关[157]。杜仲叶的各种制剂也对麻醉犬均有利尿作用,且无快速耐受现象,利尿作用与桃叶珊瑚苷有关,该成分能刺激副交感神经枢,加快尿酸转移和排出,利尿作用明显[156]。

八、 护肾、安胎

有研究报道杜仲可以保护镉对大鼠造成的肾损害[154],可以减缓单侧输尿管阻塞造成的大鼠肾间质纤维化[178]。

研究发现,杜仲叶冲剂对子宫平滑肌的正常收缩有一定的抑制作用,但无统计学意义,而对垂体后叶的子宫平滑肌强烈收缩具有显著的对抗作用,且随剂量增加而增强。另外杜仲叶冲剂和黄体酮一样,对垂体后叶所引起的小鼠流产有明显的对抗作用,能使流产数明显减少,产仔数相对增加[97]。

九、 神经保护

杜仲通过部分抑制乙酰胆碱酯酶(AchE)活性,起到神经保护的作用,可用于治疗神经退行性疾病如阿尔茨海默病(AD)。杜仲可通过减轻有髓神经的损伤而保护神经根,减轻非机械压迫性髓核对神经根损伤后所导致的机械痛觉过敏,提高痛阈。此外还可通过减轻有髓神经的损伤、增强阴茎组织中神经元型一氧化氮合酶(nNOS)表达,来治疗性功能障碍[181,182]。

杜仲皮中的桃叶珊瑚苷还可以减少 1-甲基-4-苯基-1,2,3,6-四氢吡啶诱导的帕金森病小鼠多巴胺能神经元的丢失,缓解帕金森病小鼠纹状体多巴胺和酪氨酸羟化酶水平的降低,降低帕金森病小鼠黑质中小胶质细胞和星形胶细胞的活化[183],降低白细胞介素-1β、高迁移率蛋白 1、肿瘤坏死因子-α 的水平,使得海马中 γ-氨基丁酸(GABA)量增加,谷氨酸含量降低,从而减轻神经胶质病和调节神经传递[184];还可以诱导自噬,抑制坏死,发挥抗癫痫作用[185]。另外,杜仲皮中的环烯醚萜类对淀粉样蛋白 Aβ25-35 诱导的大鼠 PC-12 细胞损伤也具有保护作用[186]。

十、 其他

杜仲叶提取物能降低体质量、白色脂肪组织重量、血浆甘油三酯水平和游离脂肪酸水平,发挥减肥作用[187,188];还可以剂量依赖地抑制体质量减轻、血便评分、结肠缩短和髓过氧化物酶活性,发挥抗溃疡性结肠炎作用[189]。皮、叶煎剂还具有增强动物对外界刺激的耐受能力,并具有中枢性镇静作用[190]。杜仲 70％醇提取物能直接抑制 B_{16} 细胞黑色素的合成,可用于美白产品或者抗色素沉积药物的开发[191]。

十一、 毒性研究

杜仲口服给药的 LD_{50} 为 160.0 g/kg,对 CHO 和 CHL 细胞的 IC_{50} 均为 109.38 mg/ml,并且在该剂量之下遗传毒性试验为阴性结果。本实验条件下无细胞染色体畸变的遗传毒性[192]。

小鼠灌胃最大耐受量(MTD):杜仲提取物的小鼠灌胃 MTD 为 18.52 g/kg,其最大耐受倍数为 124;腹腔注射 LD_{50} 为(2.57±0.15)g/kg。应用杜仲提取物有较好的安全性[193]。

给实验小鼠灌服不同剂量的杜仲提取物水溶液。在实验中期、末期停药后 24 小时,分别取血测定血液学、血液生化和主要脏器指标,并做病理切片。结果显示,中剂量(2.06 g/kg)、低剂量(0.69 g/kg)的杜仲提取物水溶液灌胃,对白细胞分类计数无影响,对脾脏、肝脏、心脏、肺脏、肾、性器官指数及血清酶活性无影响,动物未见有明显毒性作用[194]。

杜仲雄花提取物小鼠经口 LD_{50} >20 g/kg(试剂量/体质量)属无毒级;小鼠骨髓嗜多染红细胞微核试验和鼠沙门菌/哺乳动物微粒体酶实验表明无致突变作用;小鼠精子畸变实验表明,对雄性动物生殖细胞无遗传毒性[195]。

将杜仲雄花茶按 6.0 g/kg、8.0 g/kg、10.0 g/kg(试剂量/体质量)剂量给大鼠连续灌胃 30 天,测定体重、进食量、计算食物利用率,实验末采血测定血象和血生化指标。结果表明三个剂量组动物在整个实验期间毛色正常,未见行为异常,无死亡发生;通过体重、食物利用率、血液学、血液生化学、脏器重量及高剂量组组织病理学检查和测定,与对照组比较均未见显著性差异。给大鼠喂养杜仲雄花茶 30 天,未见不良反应。杜仲雄花茶高剂量组雌、雄性动物的剂量为人体推荐量 100 mg/kg(试剂量/体质量)的 100 倍[196]。

取小鼠 22 只,雌雄各半,用杜仲叶冲剂最大浓度(1 g/ml),空腹给药(每只 0.8 ml),用药后观察 7 天。结果 7 天内小鼠生理状态均正常,全部健康活泼,体重增加,无一死亡[97]。

参考文献

[1] 袁昌齐.国产药用植物——杜仲[J].中国药学杂志,1956(2):85-87.

[2] 国家中医药管理局《中华本草》编委会.中华本草[M].上海:上海科学技术出版社,1999:458-464.

[3] 张浩,陈家春,黄宝康.药用植物学[M].北京:人民卫生出版社,2014:6.

[4] 国家药典委员会.中国药典:一部[S].北京:中国医药科技出版社,2015:165-166.

[5] 康廷国.中药鉴定学[M].北京:中国中医药出版社,2016:6.

[6] 郭宝林,刘金亮,孙福江,等.杜仲的开发利用前景及规范化生产基地建设[J].河北林业科技,2006(09):28-30.

[7] 杜红岩,杜庆鑫.我国杜仲产业高质量发展的基础、问题与对策[J].经济林研究,

2020,38(1)：1-10.

［8］ 杜红岩,胡文臻,俞锐.杜仲产业绿皮书：中国杜仲橡胶资源与产业发展报告
(2013)［M］.北京：社会科学文献出版社,2013.

［9］ 严璐芳.杜仲胶研究进展及发展前景［J］.化学进展,1995,7(1)：65-71.

［10］ 马娟,林永慧,刘彪,等.我国杜仲胶的发展现状与展望［J］.安徽农业科学,2012,40
(06)：3396-3398.

［11］ 姚红梅,肖克宇,钟蕾.饲料中添加杜仲提取物养殖奥尼鱼的试验［J］.淡水渔业,
2005,35(02)：34-37.

［12］ 赵文红,范青生.杜仲籽油研究开发现状与利用展望［J］.中国油脂,2006,31(03)：
66-68.

［13］ 李川.杜仲炮制历史沿革研究［J］.中药材,1990,13(1)：28.

［14］ 贵州省药监局编.贵州省中药饮片炮制规范(05 版)［M］.贵阳：贵州科技出版社,
2005：121.

［15］ 高学昌,赵海东.杜仲炮制初探［J］.时珍国药研究,1994,5(3)：25.

［16］ 袁坤祥.杜仲饮片规格标准的探讨［J］.中成药研究,1984,4：16.

［17］ 李川,江文君,麻印莲,等.不同炮制方法对杜仲总成分溶出量的影响［J］.中药材,
1989,12(2)：29.

［18］ 国家药典委员会.中国药典：一部［M］.北京：化学工业出版社.2005：114.

［19］ 张留华.杜仲炮制历史沿革的分析与探讨［J］.时珍国医国药,2000,11(9)：
801-802.

［20］ 郑虎占,董泽宏,余靖.中药现代研究与应用：第 3 卷［M］.北京：学苑出版社,
1998.2340-2364.

［21］ 方海燕,夏美俊.杜仲的炮制及临床应用研究进展［J］.基层中药杂志,1997,11
(3)：52.

［22］ 陈建,沈峰,高力.土炒喷洒盐水加工杜仲方法探索［J］.陕西中医,2001,22
(8)：493.

［23］ 沈烈行,李延锋,冯晓.杜仲新炮制工艺参数优选［J］.中国现代应用药学杂志,
2000,17(6)：446-468.

［24］ 左月明,张忠立,李于益,等.杜仲叶木脂素类化学成分研究［J］.时珍国医国药,
2014,25(06)：1317-1319.

［25］ 赵玉英,耿权,程铁民,等.杜仲化学成分研究概况［J］.天然产物研究与开发.1995,
7(3)：46-52.

［26］ 尉芹,马希汉,张康健,等.杜仲化学成分研究［J］.西北林学院学报.1995,10(4)：
88-93.

［27］ 戚向阳,陈维军,张声华.杜仲中双环氧木脂素二糖苷分离纯化技术的研究［J］.林
产化学与工业,2005(04)：47-50.

［28］ DEYAMAT, IKAWAT, KITAGAWAS, et al. *The constituents of Eucommia ulmoides Oliv. V. Isolation of dihydroxyde hydrcdi conifery lalcoholisomers and phenolic compounds* [J]. Chemical&pharmaceutical bulletin, 1987,35(5)：1785-1789.

[29] 管淑玉,苏微微. 杜仲化学成分与药理研究进展[J]. 中药材. 2003,26(2)：126-129.

[30] 宁娜. 杜仲绿叶中的环烯醚萜类化合物[J]. 国外医药·植物药分册. 2008,23(5)：222.

[31] 张忠立,左月明,王彦彦,等. 杜仲叶环烯醚萜类化学成分研究[J]. 中药材,2014,37(02)：252-254.

[32] 续俊文,李东,赵平. 杜仲的化学成分(再报)[J]. Journal of Integrative Plant Biology, 1989(02)：132-136.

[33] 段小华,邓泽元,朱笃. 杜仲种子脂肪酸及氨基酸分析[J]. 食品科学. 2010,17(4)：217-219.

[34] 范彦博,周妍,刘大鹏,等. 杜仲主要化学成分分类总结[J]. 中国药师,2014,17(10)：1756-1760.

[35] Tomodo M, GondaR R, Shimizu N, et al. *Areti culoen do the lial system activati nggly can from the barks of Eucommia ulomoides* [J]. Phytchemistry, 1990,29：3091-3094.

[36] 冯晗,周宏灏,欧阳冬生. 杜仲的化学成分及药理作用研究进展[J]. 中国临床药理学与治疗学,2015,20(06)：713-720.

[37] HE X R, WANG J H, LI M X, et al. *Eucommia ulmoides Oliv.：Ethno pharmacology, phyto chemistry and pharmacology of an important traditional Chinese medicine* [J]. J Ethnopharmacol, 2014,151：78-92.

[38] 陈士朝. 杜仲橡胶的开发和应用[J]. 橡胶工业,1993,40(11)：690.

[39] 王双燕,丁林芬,吴兴德,等. 杜仲化学成分研究[J]. 中药材,2014,37(05)：807-811.

[40] 刘小烛,胡忠,李英,等. 杜仲皮中抗真菌蛋白的分离和特性研究[J]. 云南植物研究,1994,16(4)：385-391.

[41] Huang R H, Xiang Y, Liu X Z, et al. *Two novel anti fungal peptides distinct with a five-disulfide mot if from the bark of Eucommia ulmoides Oliv.* [J]. FEBSLett, 2002,521(1)：87-90.

[42] 臧友维. 杜仲化学成分研究进展[J]. 中草药,1989,20(04)：42-44.

[43] 于学玲,朱荣誉,孙晓明. 杜仲皮和叶营养成分的分析[J]. 中草药,1992,23(03)：161.

[44] 梁淑芳,马柏林,张康健,等. 杜仲果实化学成分的研究[J]. 西北林学院学报,1997(01)：44-48.

[45] 程光丽. 杜仲有效成分分析及药理学研究进展[J]. 中成药,2006,28(5)：723-725.

［46］朱宝成,王俊丽,陈丕铃.杜仲氨基酸成分的研究[J].河北大学学报(自然科学版),1994,14(2)：80-82.

［47］段小华,邓泽元,朱笃.杜仲种子脂肪酸及氨基酸分析[J].食品科学.2010,17(4)：217-219.

［48］安秋荣,郭志峰.杜仲叶脂肪酸的GC-MS分析[J].河北大学学报(自然科学版),1998(04)：53-55.

［49］郭志峰,刘鹏岩,安秋荣,等.杜仲叶挥发油的GC-MS分析[J].河北大学学报(自然科学版),1995(03)：36-39.

［50］巩江,倪士峰.杜仲叶挥发物质气相色谱—质谱研究[J].安徽农业科学.2010,38(17)：8998-8999.

［51］黄相中,张润芝.云南楚雄杜仲叶挥发油的化学成分分析[J].云南民族大学学报(自然科学版).2011,20(5)：356-360.

［52］陶益,盛辰,李伟东,等.杜仲不同炮制品化学成分研究[J].中国中药杂志,2014,39(22)：4352-4355.

［53］李锟,郝志友,张翠利,等.杜仲化学成分研究[J].中药材,2016,39(09)：2016-2018.

［54］闫建昆.杜仲叶化学成分研究[A].中国化学会.中国化学会第十一届全国天然有机化学学术会议论文集(第四册)[C].中国化学会：中国化学会,2016：1.

［55］陈彩娟,沈舒,肖同书,等.杜仲化学成分研究[J].亚太传统医药,2012,8(03)：25-26.

［56］侯晓杰,张建锋,李玮.杜仲不同部位的加工方法对其质量影响的研究进展[J].安徽农业科学,2018,46(01)：37-38,41.

［57］钟淑娟,杨欣,李静,等.杜仲不同部位总黄酮含量及抗氧化活性研究[J].中国药房,2017,28(13)：1787-1790.

［58］孙凌峰.杜仲树叶的化学成分及其利用[A].中国科学技术协会、浙江省人民政府.面向21世纪的科技进步与社会经济发展(上册)[C].中国科学技术协会、浙江省人民政府：中国科学技术协会学会学术部,1999：1.

［59］左月明,蔡妙婷,张忠立,等.杜仲叶化学成分研究[J].中药材,2014,37(10)：1786-1788.

［60］彭应枝,邓梦茹,周芳,等.张家界杜仲叶的化学成分研究[J].中南药学,2013,11(03)：179-181.

［61］龚桂珍,宫本红,张学俊,等.杜仲叶和杜仲皮中化学成分的比较[J].西南大学学报(自然科学版),2010,32(07)：167-172.

［62］齐武强,王明昭.杜仲叶和杜仲皮中化学成分的比较[J].临床医学研究与实践,2017,2(11)：121-122,124.

［63］丁艳霞,郭洋静,任莹璐,等.杜仲雄花中黄酮类化学成分及其抗氧化活性研究[J].中草药,2014,45(3)：323-327.

[64] 丁艳霞,王腾宇,张耀文,等.杜仲雄花中三萜类化学成分研究[J].中国中药杂志,2014,39(21):4225-4229.

[65] 杜庆鑫,刘攀峰,魏艳秀,等.杜仲雄花氨基酸多样性及营养价值评价[J].天然产物研究与开发,2016,28(6):889-897.

[66] 杜庆鑫,魏艳秀,刘攀峰,等.分光光度法测定杜仲雄花和叶中的总黄酮[J].中南林业科技大学学报,2017,37(05):96-100.

[67] 严颖,赵慧,邹立思,等.杜仲雄花化学成分的液相色谱-电喷雾三重四极杆飞行时间质谱分析[J].食品科学,2018,39(06):215-221.

[68] Dou Deqiang, Chen Yingjie, Ma Zhongze, et al. *A novel minor saponin from the leaves of Panax ginseng. C. A. Meyer* [J]. J Chin Pharm Sci, 1996,5(1):48.

[69] 李芳东,杜红岩.杜仲[M].北京:中国中医药出版社,2001:75.

[70] Zhang Q,Su YQ,Yang FX,et al. *Antioxidative activity of water extracts from leaf, male flower, raw cortex and fruit of Eucommia ulmoides Oliv.* [J]. ForestProdJ, 2007,57:74-78.

[71] 叶东旭,杜红岩,李钦,等.杜仲雄花HPLC指纹图谱及成分积累规律研究[J].中成药,2012,34(4):706-709.

[72] 赫锦锦.杜仲皮及雄花中次生代谢产物的变化规律研究[D].开封:河南大学,2010.

[73] 曾黎琼,谢金伦,胡志浩,等.杜仲愈伤组织与树皮、新鲜叶片的化学成分比较[J].西南农业学报,1994(04):77-80.

[74] 江咪.杜仲种子中主要化学成分的研究[D].西安:西北大学,2017.

[75] 康桢,吴卫华,王俊杰,等.桃叶珊瑚苷及其苷元的药理研究进展[J].中国中药杂志,2007,32(24).

[76] 杜红岩,李钦,李福海,等.杜仲种仁桃叶珊瑚苷含量的测定及积累规律[J].林业科学研究,2009,22(05):744-746.

[77] 徐婧.杜仲籽粕中桃叶珊瑚苷的分离纯化及化学成分的研究[D].开封:河南大学,2014.

[78] 季馨怿,王秋花,吴静.杜仲根化学成分研究[J].生物化工,2017,3(03):40-42.

[79] 黄伟.杜仲不同产地遗传差异及化学组分分析[D].北京:中国林业科学研究院,2014.

[80] 唐芳瑞,刘荣华,邵峰,等.不同产地杜仲叶高效液相色谱指纹图谱分析[J].时珍国医国药,2016,27(06):1496-1498.

[81] 郑英,周兰,许亚玲,等.黔产杜仲叶不同采收期化学成分变化规律研究[J].世界最新医学信息文摘,2018,18(34):27-29.

[82] 杜庆鑫,魏艳秀,等.杜仲雄花生长发育动态及活性成分量变化[J].中草药,2017,48(13):2746-2751.

[83] He Mingzhen, Jia Jia, Li Junmao, et al. *Application of characteristic ion filtering*

with ultra-high performance liquid chromatography quadrupole time of flight tandem mass spectrometry for rapid detection and identification of chemical profiling in Eucommia ulmoides Oliv. [J]. J Chromatogr A, 2018,1554：81-91.

[84] 刘可鑫,周翎,刘攀峰,等.盐制对杜仲化学成分含量变化的影响[J].中成药,2011, 33(02)：280-284.

[85] 邓翀,韩磊,张亚强,等.杜仲盐制前后化学成分的变化[J].中成药,2015,37(11)： 2464-2468.

[86] 严瑞娟,张水寒,罗跃龙,等.不同产地初加工方式处理杜仲叶的 HPLC 指纹图谱 研究[J].中草药,2013,44(15)：2085-2091.

[87] 段晓颖.金银花水提工艺中绿原酸变化的研究[J].中草药,2007(08)：1189-1190.

[88] Han Han, Yang Li, Xu Ying, et al. *Identification of metabolites of geniposide in rat urine using ultra-performance liquid chromatography combined with electrospray ionization quadrupole time-of-flight tandem mass spectrometry.* [J]. Rapid Commun. Mass Spectrom. , 2011,25：3339-3350.

[89] Jin Jong-Sik, Zhao Yu-Feng, Nakamura Norio, et al. *Isolation and characterization of a human intestinal bacterium, Eubacterium sp. ARC-2, capable of demethylating arctigenin, in the essential metabolic process to enterolactone.* [J]. Biol. Pharm. Bull. , 2007,30：904-911.

[90] Lafay Sophie, Gil-Izquierdo Angel, Manach Claudine, et al. *Chlorogenic acid is absorbed in its intact form in the stomach of rats.* [J]. J. Nutr. , 2006,136： 1192-1197.

[91] 赵骏铭,张紫佳,孙庆龙,等.超高效液相色谱法测定杜仲中松脂醇二葡萄糖苷 [J].中草药,2010,41(11)：1896-1898.

[92] 王学军,梁旭华,徐恒. HPLC 法同时测定杜仲叶中 4 种成分的含量[J].中医药信 息,2017,34(01)：33-35.

[93] He Mingzhen, Jia Jia, Li Junmao, et al. *Application of characteristic ion filtering with ultra-high performance liquid chromatography quadrupole time of flight tandem mass spectrometry for rapid detection and identification of chemical profiling in Eucommia ulmoides Oliv.* [J]. J Chromatogr A, 2018,1554：81-91.

[94] 刘星,龚小见,陈华国,等.基于入血成分的杜仲药材的含量测定[J].中国中药杂 志,2015,40(09)：1771-1775.

[95] Li Yongjun, Gong Zipeng, Cao Xu, et al. *A UPLC-MS Method for Simultaneous Determination of Geniposidic Acid, Two Lignans and Phenolics in Rat Plasma and its Application to Pharmacokinetic Studies of Eucommia ulmoides Extract in Rats.* [J]. Eur J Drug Metab Pharmacokinet, 2016,41：595-603.

[96] An Jing, Hu Fangdi, Wang Changhong, et al. *Pharmacokinetics and tissue distri-bution of five active ingredients of Eucommiae cortex in normal and*

ovariectomized mice by UHPLC-MS/MS.［J］. Xenobiotica, 2016, 46：793-804.

［97］黄武光,曾庆卓,潘正兴,等.杜仲叶冲剂主要药效学及急性毒性研究［J］.贵州医药,2000,24(6),325-326.

［98］胡佳玲.杜仲研究进展［J］.中草药,1999,30(5)：394.

［99］张瑛朝,张延敏,郭代立,等.复方杜仲叶合剂对人体降压作用的实验研究［J］.中成药,2001,(6)：418-421.

［100］江春艳,许激扬,卞筱泓,等.杜仲降血压成分的组合及血管舒张作用［J］.中国实验方剂学杂志,2010,16(06)：218-220.

［101］潘龙,支娟娟,许春国,等.杜仲糖苷对肾性高血压大鼠血压及血浆 ET、NO 的影响［J］.现代中医药,2010,30(02)：54-56.

［102］辛晓明,冯蕾,王浩,等.杜仲的化学成分及药理活性研究进展［J］.医学综述,2007,13(9)：1507-1509.

［103］黄志新,岳京丽,赵凤生,等.槲寄生、钩藤、杜仲降压作用及急性毒性的实验研究［J］.中西医结合心脑血管病杂志,2004,(8)：462-464.

［104］Luo L, Wu W, Zhou Y, et al. *Antihypertensive effect of Eucommia ulmoides Oliv. extracts in spontaneously hypertensive rats*［J］. J Ethnopharmacol, 2010, 129(2)：238.

［105］许激扬,宋妍,季晖.杜仲木脂素化合物舒张血管作用机制［J］.中国中药杂志,2006,31(23)：1976.

［106］Li L, Yan J, Hu K, et al. *Protective effects of Eucommia lignans against hypertensive renal injury by inhibiting expression of aldose Reductase*［J］. J Ethnopharmacol, 2012, 139(2)：454.

［107］宁康健,郑淑红,吕锦芳,等.杜仲叶水提醇沉液降压作用的实验研究［J］.中国中医药科技,2009,16(04)：283,285.

［108］唐志晗,彭娟,姜金兰.杜仲叶提取物对清醒大鼠血压的影响［J］.中国医院药学杂志,2007(07)：901-903.

［109］雷燕妮,张小斌.杜仲叶总黄酮降血压作用的研究［J］.陕西农业大学,2016,62(05)：6-8.

［110］段卫华,牛彦兵,崔茗婉,等.杜仲丸不同配比对去卵巢大鼠骨质疏松症的影响［J］.中国实验方剂学杂志,2016,22(7)：130-133.

［111］高卫辉,吴芬芬,段小青,等.杜仲-牛膝药对干预去卵巢骨质疏松大鼠雌二醇和骨密度的影响实验研究［J］.中南药学,2016,14(8)：820-823.

［112］骆瑶,陈兰英,官紫祎,等.杜仲提取物对去卵巢骨质疏松大鼠骨代谢、骨密度及骨微结构的影响［J］.中药材,2016,39(11)：2624-2628.

［113］陈立强,赵文杰,王振,等.杜仲叶醇提物对去卵巢大鼠所致骨质疏松的防治作用［J］.中国老年学杂志,2015,35(8)：2190-2191.

［114］饶华,徐贤柱,王曼莹.杜仲叶总提取物治疗去势大鼠骨质疏松症的实验研究

[J]. 江西医药,2014,49(2)：100-102.

[115] 刘明,宣振华,张永萍,等.杜仲壮骨丸对维甲酸致小鼠骨质疏松的改善作用[J].中国药房,2017,28(1)：35-38.

[116] 刘岩,王久和,常虹.蒙药二味杜仲胶囊对去卵巢大鼠子宫雌激素受体的影响[J].内蒙古医科大学学报,2014,36(4)：334-338.

[117] 阳春华,胡余明,李梓民.三七杜仲颗粒对去势雌性大鼠骨密度的影响[J].实用预防医学,2014,21(7)：874-876.

[118] 段雨劼,聂焱,吴媛妮,等.葛根、杜仲和淫羊藿对去势大鼠增加骨密度实验研究[J].预防医学情报杂志,2019,35(09)：1068-1071.

[119] Pan Y, Niu Y, Li C, et al. *Du-zhong（Eucommia ulmoides）prevents disuse-induced osteoporosis in hind limb suspension rats* [J]. Am J Chin Med, 2014,42(1)：143.

[120] Zhang R, Liu Z G, Li C, et al. *Du-Zhong（Eucommia ulmoides Oliv.）cortex extract prevent OVX-induced osteoporosis in rats* [J]. Bone, 2009,45(3)：553.

[121] Qi S, Zheng H, Chen C, et al. *Du-Zhong（Eucommia ulmoides Oliv.）cortex extract alleviates lead acetate-induced bone loss in rats* [J]. Biol Trace Elem Res, 2019,187(1)：172.

[122] Zhang R, Pan Y, Hu S, et al. *Effects of total lignans from Eucommia ulmoides barks prevent bone loss in vivo and in vitro* [J]. J Ethnopharmacol, 2014,155(1)：104.

[123] 方宁,陈林攀,邓鸣涛,等.杜仲叶对 SD 大鼠成骨细胞增殖及骨钙素表达水平的影响[J].时珍国医国药,2014,25(11)：2574-2576.

[124] 李浩,戴燚,范彦博,等.杜仲补骨脂药对干预去势鼠成骨细胞增殖以及 MMP3-OPN 通路蛋白表达的研究[J].时珍国医国药,2016,27(7)：1610-1613.

[125] 戴鹏,邓鸣涛,张立超,等.杜仲叶对去势骨质疏松大鼠骨代谢的影响[J].中国骨质疏松杂志,2012,18(12)：1127-1130.

[126] 杜原瑗,陈骞虎,贾绍辉,等.牛膝竹节参皂苷与杜仲松脂醇二葡萄糖苷联合治疗骨质疏松性骨折的实验研究[J].中国中医骨伤科杂志,2015,23(6)：9-13.

[127] Wang J, Yuan Y, Chen X, et al. *Extract from Eucommia ulmoides Oliv. Ameliorates arthritis via regulation of inflammation, synoviocyte proliferation and osteoclastogenesis in vitro and in vivo* [J]. J Ethnopharmacol, 2016, 194：609.

[128] Xie G, Jiang N, Wang S, et al. *Eucommia ulmoides Oliv. bark aqueous extract inhibits osteoarthritis in a rat model of osteoarthritis* [J]. J Ethnopharmacol, 2015,162：148.

[129] Wang J, Chen X, Zhang L, et al. *Comparative studies of different extracts from Eucommia ulmoides Oliv. against rheumatoid arthritis in CIA rats* [J].

Evid Based Complement Alternat Med，2018，doi：10. 1155/2018/7379893.

[130] Kim M，Kim D，Kim S，et al. *Eucommiae cortex inhibits TNF-α and IL-6 through the suppression of caspase*-1 *in lipopolysaccharide stimulated mouse peritoneal macrophages* [J]. Am J Chin Med，2012，40(1)：135.

[131] 陈晓俊，王凤琛，袁颖，等. 杜仲皮、杜仲叶、杜仲雄花的药效学比较研究[J]. 甘肃中医药大学学报，2016，33(05)：5-8.

[132] 王健英，陈晓俊，张磊，等. 杜仲皮、杜仲雄花醇提取物对模型小鼠气道变应性炎症的影响[J]. 中国中医药信息杂志，2018，25(03)：42-47.

[133] 周程艳，王美，甄悦，等. 杜仲抗炎镇痛作用的实验研究[J]. 中国煤炭工业医学杂志，2009，12(10)：1613-1615.

[134] 吕锦芳，李东凤，司武松，等. 不同炮制法杜仲叶与杜仲皮对小鼠耳郭肿胀抑制作用的实验研究[J]. 中国中医药科技，2006(06)：399-400.

[135] 宋林奇，杜先婕，林飞，等. 杜仲籽总苷抗炎镇痛作用研究[J]. 第二军医大学学报，2009，30(4)：413.

[136] 李旭，刘停，陈时建，等. 杜仲叶绿原酸提取工艺优化及对自发性高血压大鼠的降压作用[J]. 食品科学，2013，34(14)：30-34.

[137] 马伟，曾里，程健，等. 杜仲茶辅助降血脂功能评价研究[J]. 食品科技，2016，41(6)：43-50.

[138] 雷燕妮，张小斌. 杜仲叶总黄酮降血脂作用研究[J]. 西北大学学报(自然科学版)，2015，45(5)：777-786.

[139] 雷燕妮，张小斌. 商洛杜仲叶多糖对高血脂模型小鼠的降血脂作用[J]. 陕西师范大学学报(自然科学版)，2018(4)：120.

[140] 郑国栋，潘永芳，黎冬明，等. 杜仲叶对小鼠肝脏脂肪代谢酶活性的影响[J]. 中国食品学报，2014，14(11)：22

[141] Lee G，Lee H，Park S，et al. *Eucommia ulmoides leaf extract ameliorates steatosis induced by high-fat diet in rats by increasing lysosomal function* [J]. Nutrients，2019，11(2)：426.

[142] 王梦华. 杜仲叶醇提取物对大鼠血管内皮细胞的保护作用[J]. 中国老年学，2007，27(18)：1766.

[143] 张红霞，杨丹丹，王凤，等. 杜仲叶乙醇提取物的降糖作用机理[J]. 食品科学，2014，35(17)：197-203.

[144] Park S A，Choi M，Kim M，et al. *Hypoglycemic and hypolipidemic action of Du-zhong (Eucommia ulmoides Oliver) leaves water extract in C57BL/KsJ-db/db mice* [J]. J Ethnopharmacol，2006，107(3)：412.

[145] 高燕，杨改青，王林枫，等. 杜仲叶对绵羊肝脏糖代谢及其相关基因表达的影响[J]. 动物营养学报，2019，31(6)：2854.

[146] 田吉，岳永花，秦大莲. 杜仲叶降血糖作用的实验研究[J]. 现代医药卫生，2011，27

（7）：961-962.

[147] Jin X, Amitani K, Zamami Y, et al. *Ameliorative effect of Eucommia ulmoides Oliv. leaves extract（ELE）on insulin resistance and abnormal perivascular innervation in fructose-drinking rats* [J]. J Ethnopharmacol, 2010, 128(3)：672.

[148] Do M, Hur J, Choi J, et al. *Eucommia ulmoides ameliorates glucotoxicity by suppressing advanced glycation end-products in diabetic mice kidney* [J]. Nutrients, 2018,10(3)：265.

[149] 苏卓,郭诚.杜仲对链脲佐菌素致糖尿病小鼠降血糖作用[J].中药药理与临床, 2015,31(4)：144-146.

[150] 邢冬杰,孙永显,陈桂玉,等.杜仲叶黄酮对糖尿病大鼠的血糖控制及对胰岛细胞的保护作用[J].中国实验方剂学杂志,2015,21(13)：148-151.

[151] 娄丽杰,杨寰,陈百泉,等.杜仲雄花茶对高钠饮食大鼠血压的影响[J].河南大学学报(医学版),2011,30(1)：20.

[152] 娄丽杰.杜仲雄花茶的药效学研究[D].郑州：河南大学,2010.

[153] 辛晓明,王大伟,赵娟,等.杜仲总多糖抗肿瘤作用的实验研究[J].医药导报, 2009,28(6)：719-721.

[154] 王宇华,许惠琴,狄留庆,等.生杜仲和盐杜仲对小鼠免疫功能的影响和抗疲劳作用研究[J].中药药理与临床,2008,24(2)：49-50.

[155] 管淑玉,苏薇薇.杜仲化学成分与药理研究进展[J].中药材,2003,26(2)：126-129.

[156] 马山,卢少海,田景振.杜仲药效成分和药理学的研究概况[J].食品与药品,2013, 15(6)：449-451.

[157] 秦国利.浅析杜仲的化学成分及药理作用[J].中国医药指南,2012,10(26)：613-614.

[158] 叶颖霞,林岚,赵菊香,等.杜仲叶多糖对免疫抑制小鼠免疫功能的影响[J].中药材,2015,38(7)：1496-1498.

[159] 邱果,包旭,李颖,等.杜仲叶醇提取物对小鼠免疫功能的影响[J].中药药理与临床,2008,24(4)：41.

[160] 徐诗伦,周厚琼,黄武光.杜仲对机体非特异性免疫功能的影响[J].中草药,1983 (8)：27.

[161] 徐诗伦,曾庆卓,潘正兴.杜仲对细胞免疫功能的影响[J].中草药,1985(9)：15.

[162] 徐诗伦,谢邦鉴,周厚琼,等.杜仲对垂体——肾上腺皮质系统功能的影响[J].中草药,1982(6)：24.

[163] 徐贤柱,饶华,蔡险峰,等.杜仲叶多糖提取及对小鼠免疫功能影响研究[J].时珍国医国药,2013,24(3)：541-542.

[164] 李健民,徐艳明,朱魁元,等.杜仲抗氧化生物活性研究进展[J].中医药学报,

2010,38(2)：137-139.

[165] 李建民,邹海曼,张宁,等.杜仲提取物抗 UVA 致 ESF-1 细胞光老化作用的机制研究[J].中医药信息,2012,29(4)：31-33.

[166] 杨津,董文宾,许先猛,等.杜仲叶黄酮苷抗疲劳和抗氧化活性的研究[J].陕西科技大学学报,2010,28(3)：60.

[167] Park S A, Choi M, Jung U J, et al. *Eucommia ulmoides Oliver leaf extract increases endogenous antioxidant activity in type 2 diabetic mice* [J]. J Medicinal Food, 2006,9(4)：474.

[168] LI Y M, METRORI K, et al. *Improvement in the turnover rate of the stratum corneum in false aged model rats by the adminstratin of geniposidic acid in Eucommia ulmoides Oliv. lesves* [J]. Bio Pharm Bull, 1999,22(6)：582-585.

[169] 佐藤贵洋.杜仲叶有效成分的研究(胶原合成促进因子)[J].国外医学·中医中药分册,1999,21(3)：61.

[170] 周华珠,陈翠华,孙立,等.杜仲叶提取物对衰老小鼠抗氧化功能的影响[J].徐州医学院学报,1998,18(6)：463-464.

[171] 丁艳霞,郭洋静,任莹璐,等.杜仲雄花中黄酮类化学成分及其抗氧化活性研究[J].中草药,2014,45(3)：323.

[172] 杨海涛,曹小燕.不同方式处理杜仲雄花总黄酮的提取及抗氧化性研究[J].应用化工,2016,45(6)：1053.

[173] 杜红岩,娄丽杰,傅建敏,等.杜仲雄花茶对 D-半乳糖衰老模型小鼠 SOD, GSH-Px 活性和 MDA 水平的影响[J].中成药,2011,33(2)：331.

[174] 陈百泉,娄丽杰,杜红岩,等.杜仲雄花茶对小鼠抗应激作用的实验[J].河南大学学报：医学版,2010,29(3)：197.

[175] 金晓玲,杜红岩,李钦.杜仲雄花茶对小鼠抗疲劳作用的研究[J].食品科学,2008,29(7)：432.

[176] 周程艳,余海平,王树华,等.杜仲醇提物对小鼠急性肝损伤的保护作用[J].中国中药杂志,2009,34(9)：1173.

[177] 辛晓明,张庆柱,王浩,等.杜仲总多糖的提取及其对环磷酰胺致肝损伤小鼠的保护作用[J].中华中医药学刊,2007,25(9)：1896.

[178] 张京京,杜红岩,李钦,等.杜仲药理与毒理研究进展[J].河南大学学报(医学版),2014,33(3)：217-222.

[179] 向志钢,周卫华,李先辉,等.杜仲粕对四氯化碳致小鼠急性肝损伤的保护作用[J].中国老年学杂志,2012,32(10)：2089-2090.

[180] 蒋真真,袁带秀,胡倩,等.杜仲总黄酮对小鼠急性肝损伤的保护作用[J].广州化工,2016,44(02)：69-70.

[181] Kwon S H, Lee H K, Kim J A, et al. *Neuroprotective effects of Eucommia ulmoides Oliv. bark on amyloid beta 25-35-induced learning and memory*

impairments in mice [J]. Neurosci Lett，2011,487(1)：123-127.

[182] 张万宏,李刚,董汉生,等.杜仲对糖尿病大鼠扑捉行为和阴茎组织神经传导通路的影响[J].中华男科学杂志,2006,12(5)：466-469.

[183] Zhu Y，Sun M，Jia X，et al. *Aucubin alleviates glial cell activation and preserves dopaminergic neurons in 1-methyl-4-phenyl-1,2,3,6-tetrahy-dropyridine-induced parkinsonian mice* [J]. Neuroreport，2018,29(13)：1075.

[184] Chen S，Zeng X，Zong W，et al. *Aucubin alleviates seizures activity in Lipilocarpine-induced epileptic mice：involvement of inhibition of Neuro inflammation and regulation of neurotransmission* [J]. Neurochem Res，2019, 44(2)：472.

[185] Wang J，Li Y，Huang W，et al. *The protective effect of aucubin from Eucommia ulmoides against status epilepticus by inducing autophagy and inhibiting necroptosis* [J]. Am J Chin Med，2017,45(3)：557.

[186] Zhou Y，Liang M，Li W，et al. *Protective effects of Eucommia ulmoides Oliv. bark and leaf on amyloidβ-induced cytotoxicity* [J]. Environ Toxicol Phar, 2009,28(3)：342.

[187] Hirata T，Kobayashi T，Wada A，et al. *Anti-obesity compounds in green leaves of Eucommia ulmoides* [J]. Bioorg Med Chem Lett，2011,21(6)：1786.

[188] 郑红星,相辉,张志健,等.杜仲叶提取物减肥功能评价[J].食品研究与开发, 2016,37(13)：169-172.

[189] Murakami S，Tasaka Y，Takatori S，et al. *Effect of Eucommia ulmoides leaf extract on chronic dextran sodium sulfate-induced colitis in mice* [J]. Biol Pharm Bull，2018,41(6)：864.

[190] 赵娇玲,胡文淑,江明性.杜仲的强壮作用及中枢镇静作用[J].华中科技大学学报(医学版),1989(3)：198.

[191] 林锦彬,任桐,连一江,等.红杜仲的美白活性及其途径研究[J].中国生化药物杂志,2015,35(12)：21-23,28.

[192] 隋海霞,高允,徐海滨,等.杜仲的快速毒性筛选试验[J].癌变·畸变·突变, 2004,16(6)：355-358.

[193] 刘月凤,龚朋飞,袁慧,等.杜仲提取物的急性毒性试验研究[J].陕西农业科学, 2009,44(3)：52,60.

[194] 刘月凤,陈建文,龚朋飞,等.杜仲提取物的亚慢性毒理学[J].时珍国医国药, 2006,17(11)：2185-2187.

[195] 杜红岩,李钦,傅建敏,等.杜仲雄花茶的食品安全性毒理学[J].中南林业科技大学学报,2008,28(2)：91-94.

[196] 杜红岩,李钦,杜兰英.杜仲雄花茶对大鼠毒副作用的实验研究[J].中南林业科技大学学报,2009,29(5)：100-104.

第三章

杜仲的配伍及传统应用

　　杜仲功效为补肝肾,强筋骨,安胎。用于肝肾不足,腰膝酸痛,筋骨无力,头晕目眩。甘温补益,为补益肝肾,强筋健骨之良药。治肝肾不足之腰膝酸痛,筋骨痿软,浸酒单用即效,或与补骨脂、核桃仁等配伍,以补肝肾,强筋骨,如青娥丸;治风寒湿痹日久,腰膝冷痛,与独活、桑寄生、细辛等配伍,补肝肾,祛风湿,强筋骨,如独活寄生汤;治外伤腰痛,与川芎、桂心、丹参配伍,如杜仲散;治肾虚阳痿,精冷不育,尿频,与鹿茸、山茱萸、菟丝子配伍,如十补丸;治肝肾不足,头晕目眩,多与枸杞子、牛膝、菟丝子配伍。

　　杜仲可用于肝肾亏虚之妊娠漏血,胎动不安。补肝肾,益精血,固冲任而安胎。治肝肾亏虚之妊娠漏血,常与菟丝子、续断等配伍,如补肾安胎饮;治肝肾亏虚之胎动不安、腰痛如坠,与续断、桑寄生、山药等同用。

第一节　杜仲常用药对及配伍

　　杜仲味甘,性温。入肝、肾经。本品既能补肝肾、强筋骨、益精气、强肾志,用于治疗肝肾不足、肾气亏损所引起的腰膝酸痛、筋骨痿软,以及小便频数、阳痿等症;又能补肝肾、降血压,用于治疗高血压病,证属肝肾两虚,症见头昏、耳鸣、阳痿、夜间多尿者;还可补肾安胎,用于治疗肾虚下元不固,以致胎漏、腹痛、胎动欲坠等症。古今以杜仲与他药进行配伍,治疗多种疾病。

一、杜仲与续断

续断又名川断,味苦、性温,入肝、肾经。本品既能补肝肾、强筋骨、通血脉、止疼痛,用于治疗肝肾不足,血脉不利所引起的腰腿疼痛、足膝无力,以及风湿痹痛、筋骨拘急等症;又能补肝肾、固冲任,用于治疗冲任不固所引起的月经过多、崩漏下血、腰痛、腹痛,以及妊娠下血、胎动不安等症。此外,还能通利血脉、疏通关节、接骨疗伤,用于治疗跌仆损伤所引起的腰膝、四肢关节肿痛等症。

杜仲补肝肾,强筋骨,降血压,善走经络关节之中;续断补肝肾,强筋骨,通利血脉,在于筋节气血之间。二药配伍,其功益彰,补肝肾、壮筋骨、通血脉、调冲任、止崩漏、安胎的力量增强。

【主治】

(1) 肝肾不足,腰酸、腰痛,下肢软弱无力等症。

(2) 风湿为患,腰膝疼痛等症。

(3) 妇女冲任不固,崩漏下血,胎动不安,腰痛欲堕等症。

【药对方】

杜仲丸(《济生方·卷七》),千金保孕丸(《古今医统·卷八十五》),杜续丸(《医学入门·卷八》),保孕丸(《医钞类·卷十七》),续杜丸(《产孕集·卷上》),清胎方(《千金珍秘方选》)。

组成:杜仲(去皮,锉,姜汁浸,炒去丝),川续断(酒浸),各一两。

用法:上为细末,枣肉煮烂为丸,如梧桐子大。每服七十丸,空心米饮送下,每日3次。

功用:养胎。(《济生方》:妊娠三两月,胎动不安;《校注妇人良方》:妊娠腰背痛。)

妇人禀赋素弱,先天不足,肾虚冲任不固,胎失所系,则易致胎动不安、胎漏等证,临床多以固肾安胎为主。方中杜仲、续断均能补肝肾,强腰膝,固胎元,更以枣肉煮烂为丸,以增其益气补血之力,则胎元固而腰痛除矣。

【现代研究】

(1) 杜仲、续断不同配比组成的杜仲丸对去卵巢大鼠骨质疏松症的影响

通过切除 3 月龄 SPF 级 SD 雌性大鼠双侧卵巢的方法建立绝经后骨质疏松症大鼠模型。造模 4 周后,将 70 只模型大鼠随机分为模型组,雌激素组(E2 组),杜仲、续断不同比例杜仲丸组(杜仲与续断生药比分别为 2∶1, 1∶1, 1∶2, 1∶0, 0∶1)。治疗干预 12 周后,检测各组大鼠骨密度 (BMD)、骨微结构参数、大鼠血清雌激素雌二醇(E2)、骨形成蛋白-2(BMP-2)、大鼠 Ⅰ 型胶原 C 端肽(CTX-Ⅰ)含量。结果显示,与假手术组比较,模型组子宫系数、右股骨系数、BMD、骨体积分数(BV/TV)及血清 E2 含量均显著下降,而血清 BMP-2、CTX-Ⅰ 水平显著升高。与模型组比较,E2 组和 1∶1 杜仲丸组的子宫系数,E2 组、2∶1 杜仲丸组、1∶1 杜仲丸组、1∶2 杜仲丸组、1∶0 杜仲丸组的右股骨系数,BMD、E2 组、2∶1 杜仲丸组和 1∶1 杜仲丸组 BV/TV 均显著升高;2∶1 杜仲丸组、1∶1 杜仲丸组、1∶0 杜仲丸组的血清 BMP-2 含量,E2 组、2∶1 杜仲丸组、1∶1 杜仲丸组、1∶2 杜仲丸组、1∶0 杜仲丸组的血清 CTX-I 均显著降低。结论:杜仲、续断不同配比组成的杜仲丸对于绝经后骨质疏松症均具有治疗作用,但是治疗作用存在一定差异[1]。

(2) 杜仲-续断药对不同配比对 SAMP6 小鼠脂代谢的影响

采用快速老化 SAMP6 小鼠及其同源正常对照 SAMR1 为研究对象,应用杜仲续断 1∶1 配伍及单味药进行治疗 12 周,观察血清和肝脏的总胆固醇、甘油三酯、低密度脂蛋白、高密度脂蛋白等指标变化,并进行组间比较。结果表明,与模型组相比,杜仲、续断 1∶1 配伍低剂量组能显著降低血清低密度脂蛋白,升高血清高密度脂蛋白,显著降低血清和肝组织的 LDL-C 水平、升高血清 HDL-C 水平、降低肝组织中 HDL-C 水平。表明杜仲-续断药对具有调节脂质代谢的作用[2]。

(3) 杜仲-续断药对的抗抑郁作用

采用 3 月龄快速老化 SAMP6 小鼠及其同源正常对照 SAMR1 为研究

对象,应用杜仲丸、杜仲和续断进行治疗 12 周。末次灌胃给药 1 小时后,采用小鼠旷场实验(OFT)、小鼠悬尾实验(TST)、小鼠强迫游泳实验(FST)研究不同配比杜仲丸的抗抑郁作用。结果显示,在 FST 和 TST 中,杜仲丸低剂量组能显著降低小鼠不动时间($P<0.05$ 或 $P<0.01$)。结果表明,杜仲丸具有一定的抗抑郁作用[3]。

二、 杜仲与牛膝

牛膝性平,味苦、酸,归肝、肾经。补肝肾,强筋骨,逐瘀通经,利尿通淋,引血下行。本品活血祛瘀之力较强,《本草正义》谓之"所主皆气血壅滞之病"。长于通调月经,活血疗伤,故常用于妇科、伤科瘀血之证。补肝肾,强筋骨,为治肾虚腰痛及久痹腰膝酸痛无力之常品。又善利尿通淋,治淋证、水肿;能导热下泄,引火(血)下行,以降上亢之阳、上炎之火、上逆之血。此外,"能引诸药下行",故临床用药欲其下行者,常用本品作引经药。

肝主筋,肾主骨,肾充则骨强,肝充则筋健。杜仲、牛膝均有补肝肾、强筋骨之功。然杜仲主下部气分,长于补益肾气;牛膝主下部血分,功善于益血通络。二药相须配对,兼顾气血,使补肝肾、强筋骨之力倍增,同时牛膝引血下行,可治肝阳上亢、肝风内动的头痛眩晕;杜仲据现代药理研究表明有良好且持久的降压作用,两相合用,增强降血压作用。临床多运用于肝肾不足所致的腰膝酸痛、下肢无力及肝阳上亢型高血压。

【主治】

(1) 肝肾不足所致的腰膝酸痛,下肢无力。

(2) 肝阳上亢型高血压。

【现代研究】

(1) 杜仲-牛膝配伍组对去卵巢骨质疏松大鼠模型的干预作用

与去卵巢骨质疏松大鼠模型组大鼠比较,牛膝组、杜仲-牛膝组大鼠血清中 E2 的含量明显升高($P<0.05$);杜仲组、牛膝组、杜仲-牛膝组、阳性对照组大鼠 BMD 值及血清中钙离子、磷离子均明显升高($P<0.01$)。杜仲组、

牛膝组、杜仲-牛膝组、阳性对照组大鼠血清中碱性磷酸酶含量均明显降低(P<0.05);杜仲-牛膝组血碱性磷酸酶明显低于杜仲组、牛膝组(P<0.05)。结论:杜仲-牛膝药对抗骨质疏松作用有较强趋势,其作用可能与提高血清钙离子、磷离子浓度、BMD有关[4]。

(2)杜仲-牛膝药对促进RIN细胞胰岛素分泌作用

以RIN-m5F细胞作为体外研究模型,以胰岛素分泌量为指标,研究杜仲-牛膝药对的促泌活性,并确定杜仲-牛膝药对的最佳炮制品组合。与空白组相比,不同炮制品组合的杜仲-牛膝药对均具有促进RIN-m5F细胞胰岛素分泌的显著性作用(P<0.05),且盐杜仲-酒牛膝促进RIN-m5F细胞胰岛素分泌作用最强,其分泌量为40.27 mU/L,与空白组比较增加率为27.28%,有极显著性差异(P<0.01)。结果表明,不同炮制品组合的杜仲-牛膝药对均具有促进RIN-m5F细胞胰岛素分泌的显著性作用,其中盐杜仲-酒牛膝药对为最佳炮制品组合[5]。

(3)怀牛膝、炒杜仲、桑寄生药组治疗高血压病:全小林教授认为"肾虚态"为高血压病常见态势之一,此类高血压病多见于老年或久病体虚之人,常见脉压较大,并伴有脑转耳鸣、腰部酸痛、足跟疼痛等症状。高血压病见肾虚态者,用怀牛膝、炒杜仲、桑寄生组方补益肝肾以降压,三者常用剂量均为16~60 g,其中牛膝为治疗脉压大的靶药,最多可用至120 g。灵活配伍这3味药,可以取得良好的临床疗效[6]。

三、 杜仲与补骨脂

补骨脂味辛、苦,性温,归肾、脾经。功能温肾助阳,纳气平喘,温脾止泻。其辛温苦燥,脾肾同温,兼固下元,为脾肾阳虚、下元不固之要药,多用于肾虚下元不固之阳痿遗精,遗尿尿频,腰膝冷痛,既能补火助阳,又能纳气归肾,以止喘嗽,治疗肾阳虚衰,肾不纳气之虚喘;既温肾助阳以暖脾土,固涩大肠以止泄泻,又治脾肾阳虚,五更泄泻。《玉楸药解》云:"温暖水土,消化饮食,升达肝脾,收敛滑泄、遗精、带下、溺多、便滑诸证"。

杜仲补肝肾,味甘而微辛,补中有行,可强壮筋骨,通行血脉。补骨脂性温而涩,温助肾阳,固护下元。二者相配伍,补肾阳,强壮筋骨之力更强。

【主治】

肾虚腰痛。

【药对方】

青娥丸(《症因脉治·卷一》),砥柱丸(《惠直堂方·卷二》)。

组成:补骨脂四两(炒,研),杜仲四两(姜水炒)。

用法:煮烂河车一具,打为丸服。

主治:肾阳虚腰痛。《症因脉治》:内伤腰痛,真阳不足。《惠直堂方》:肾虚腰痛。

加减:痛甚,加独活、秦艽。

补骨脂、杜仲皆性温,功能相似均具补肾阳,强腰膝,壮筋骨之力,相伍相须,实为治肾阳不足腰痛之良方。青娥者,青年女子也,肾阳旺则能任美色,故名"青娥丸"。《惠直堂方》谓本方用法为:上为末,取核桃肉30个,去皮研和,少加炼蜜为丸,如梧桐子大。每服三钱,用茴香汤或酒任下。

【现代研究】

(1) 杜仲-补骨脂促进离体培养成骨细胞增殖

取1日龄的SD大鼠,分离培养露骨中的成骨细胞并分为4组,A组用不含药物及血清的DMEM处理,B组用杜仲终浓度为10 μg/L的无血清DMEM处理,C组用补骨脂终浓度为10 μmol/L的无血清DMEM处理,D组用杜仲终浓度为10 μg/L及补骨脂终浓度为10 μmol/L的无血清DMEM处理。处理后24小时,检测细胞中凋亡基因和增殖基因的mRNA表达量。结果B组、C组、D组细胞中Bax、Fas、FasL、HSG的mRNA表达量均显著低于A组,c-fos、c-jun、CyclinD1、Egr-1、NDRG1的mRNA表达量均显著高于A组;D组细胞中Bax、Fas、FasL、HSG的mRNA表达量均显著低于B组和C组,c-fos、c-jun、CyclinD1、Egr-1、NDRG1的

mRNA 表达量均显著高于 B 组和 C 组。结论：杜仲和补骨脂能够促进成骨细胞的增殖且两药联用具有协同作用[7]。

（2）补骨脂、骨碎补、杜仲治疗原发性骨质疏松症腰痛

全小林教授根据多年临床经验，结合原发性骨质疏松症腰痛的基本病机，精选补骨脂、骨碎补、杜仲，合成三味小方。方中补骨脂温肾助阳，杜仲、骨碎补相须为用，共奏补肾强骨之功。骨质疏松症腰痛多见老年患者，其精气亏虚，而杜仲为补肾强骨之要药，重剂尚能起沉疴，治疗痹证时，临床常用剂量为 10～60 g，补骨脂常用 9～30 g，且多为盐炙，另有研究提示补骨脂治疗骨质疏松时，雷公炙品优于其他炙品[8]。

四、 杜仲与菟丝子

菟丝子味辛、甘，性平，归肝、肾、脾经。功能补益肝肾，固精缩尿，安胎，明目，止泻。本品辛甘性平，入肝、肾、脾经，辛能润，甘能补，既补肾阳，又益阴精，不燥不滞，阴阳双补，为平补肝、肾、脾三脏之良药。补益肝肾，固精缩尿，用于肝肾不足，腰膝酸软，阳痿遗精，遗尿尿频；又益肾养肝，使精血上注而有明目、聪耳之效，故治肝肾不足所致目暗耳鸣；性平偏温，补肾益脾，使阳气振奋，健运复常，而虚泻自止，常用于脾肾阳虚之泄泻便溏；补肝肾、固冲任而安胎，又可治肝肾不足，胎元不固之胎动不安、滑胎。

古人云："杜仲阳中有阴"，既可补肾阳，又可滋养肝肾之精。菟丝子为阴阳俱补的平补之品，又兼收涩。二者相配，不燥不烈，药性平和，又都有安胎之功。宜于肝肾不足腰膝酸痛，遗精滑精，肾虚胎动不安等。

【主治】

（1）肾虚腰痛。

（2）肾虚胎动不安。

【药对方】

固阳丹（《证类·卷六》引《经验后方》），菟丝子丸（《百一选方·卷十一》引《葛丞相方》）。

组成：菟丝子二两（酒浸十日，水淘，焙为末），杜仲二两（蜜炙，捣）。

用法：上药用薯蓣末、酒煮糊为丸，如梧桐子大。每服五十丸，空心酒送下。

主治：肾虚腰膝冷痛，梦泄。《证类》：腰膝积冷，痛或顽麻无力。《普济方》：梦泄。

本方菟丝子、杜仲均能温肾阳，补肾精，固肾气，而治疗腰痛，梦泄之证，故名"固阳丹"。又《百一选方·卷十一》引葛丞相方，本方用量为"各等分"。

【现代研究】

杜仲、菟丝子对肾阳虚大鼠的生殖能力及性激素等的影响

采用雄性 SD 大鼠腹腔注射苯甲酸雌二醇连续 10 天造成肾阳虚模型，造模同时灌胃给予杜仲、菟丝子水提取物，连续 10 天。对大鼠睾丸、附睾及精囊腺系数、精浆果糖、雌二醇（E2）、睾酮（T）、促卵泡生成素（FSH）、促黄体生成素（LH）、促性腺激素释放激素（GnRH）等进行检测。结果显示，杜仲和菟丝子水提取物均能增加肾阳虚大鼠睾丸系数、精囊腺系数，提高精浆果糖含量，升高 GnRH、T 水平，降低 E2、FSH、LH 水平。表明杜仲、菟丝子同属甘味补肾中药，两味中药均具有增强生殖能力的药效作用，从而可以不同程度改善肾阳虚证之性欲减退、腰膝酸软等症状，与其能调节性激素水平，改善下丘脑-垂体-性腺轴功能紊乱有关，这为探讨甘味补肾中药的共同作用规律提供了一定参考[9]。

五、 杜仲与五加皮

五加皮味辛、苦，性温，归肝、肾经。功能祛风湿，强筋骨，利水消肿。本品辛能散风，苦能燥湿，温能祛寒，功善补肝肾，强筋骨，祛风湿，为强壮性祛风湿药，尤宜于老人及久病体虚者；补肝肾，益筋骨，又可治年老骨弱及小儿行迟。利水作用，可用治小便不利、水肿、脚气。

杜仲补肝肾，强筋骨，为治腰痛要药。五加皮既能补肝肾，强筋骨，又可祛风湿。二者相配伍，以补为主，又兼祛邪，标本兼顾。

【主治】

（1）风湿久痹，腰膝疼痛，筋脉拘挛。

（2）肝肾不足，筋骨痿软者，以及小儿行迟。

【药对方】

五加皮丸（《普济方·卷一五四》引《卫生家宝》）。

组成：五加皮，杜仲（炒）等分。

用法：上为末，酒糊为丸，如梧桐子大。每服三十丸，温酒送下。

主治：腰痛。

腰为肾之府，肾虚失养故腰痛。本方五加皮、杜仲皆能补肝肾，强筋骨，合而用之，效专力宏，故为临床常用之方。

六、 杜仲与橘核

橘核为橘及栽培变种的成熟种子。性味苦，平，归肝经。功能行气散结止痛，主治乳房结块、睾丸肿痛及疝气腹痛等。《日华子本草》云："治腰痛，膀胱气，肾疼。炒去壳，酒服良"。《本草经疏》云："橘核，其味苦温而下气，所以能入肾与膀胱，除因寒所生之病也，疝气方中多用之"。故橘核善治寒性疼痛。

杜仲温肾阳，强筋骨，壮腰膝；橘核行气散寒，止痛。二药同用，可用于肾阳虚或寒凝所致的腰痛。

【主治】

腰痛属肾阳虚或寒凝气滞者。

【药对方】

立安散（《医方大成·卷九》），腰痛立安散（《摄生众妙方·卷七》）。

组成：杜仲（去粗皮，锉，炒令丝断），橘核（取仁，炒）各等分。

用法：上为末。每服入盐少许，食前温酒调服。

主治：腰痛。

杜仲温肾强腰，橘核行气散寒，二药同用，虚补寒散，腰痛立安。故名

"立安散"。《医方类聚》本方用法为,每服二钱。

七、 杜仲与白术

白术味甘、苦,性温,归脾、胃经。功能健脾益气,燥湿利水,止汗,安胎。其甘温苦燥,入脾、胃经,善于补脾气,燥化水湿,与脾喜燥恶湿之性相合,《本草求真》将其誉为"脾脏补气第一要药也"。对脾虚痰饮内停、水肿者,能补气健脾、消痰饮、退水肿;对表虚自汗者,能补气健脾、固表止汗;对脾虚气弱,生化无源,胎动不安者,能补气安胎。

杜仲补肾阳,强筋骨,安胎。白术为补气健脾要药,又可燥湿。二者合用既可用于风湿久痹之腰膝酸痛,亦可用于脾肾不足之胎动不安。

【主治】

(1) 风湿痹证,腰膝酸痛。

(2) 肾虚或脾肾两虚之胎动不安。

【药对方】

利腰丹(《石室秘录·卷三》)。

组成:白术九钱,杜仲五钱。

用法:酒煎服。十剂可愈,可为长治之法。

主治:风寒腰痛不能直者。

风寒腰痛,其本在肾,盖腰为肾府,肾阳不足,风寒始可外受也。本方白术健脾燥湿祛风,杜仲温肾散寒强腰,合而用之,标本兼顾,腰痛可止,故名"利腰丹"。

八、 杜仲与萆薢

萆薢味苦,性平,归肾、胃经。功能利湿去浊,祛风除痹。萆薢性味淡薄,入肾、胃二经,尤善利湿而分清去浊,为治膏淋、白浊要药;又具祛风除湿、通络止痛之功,善治各种寒热痹证,因药性平和,以"治湿最长",故着痹尤佳。

杜仲长于补肝肾、强筋骨;萆薢长于利湿浊,祛风湿。二药相配,既能补肝肾,又能祛除风湿之邪,标本兼顾。用于本虚标实之风湿痹痛,肾虚骨痿等。

【主治】

(1) 风湿痹证,腰膝酸痛。

(2) 肾虚骨痿。

【药对方】

(1) 金刚丸(《赤水玄珠·卷四》)

组成:川草薢,炒杜仲。

用法:上酒煮猪腰子为丸,如梧桐子大。每服五七十丸,空心盐酒送下。

主治:肾损骨痿,卧床不能起。

骨痿者,肾痿也,由温热内侵,耗损肾精,骨枯髓虚所致。方中川草薢味苦性凉,功能清热利湿,可使湿热之邪从小便而出;杜仲辛温,补肾精,强腰膝。二药相伍,攻补兼施,则温热俱去,肾坚骨强,体若金刚,故方名"金刚丸"。

(2) 草薢丸(《普济方·卷一五五》)

组成:草薢二十四两,杜仲八分。

用法:上捣筛。每服三钱,可增至五钱,每旦温酒和服。

主治:丈夫腰脚痹缓,急行不稳。

腰脚痹缓者,肾虚不能化气行水,水湿下注所致也,症见腰痛脚弱,足缓不收,步态不稳。本方以草薢为君,渗湿利水以除其邪,用杜仲为臣使,补肾强腰以培其根,且丸以缓治,则病可渐除。本方与"金刚丸"组成虽同,但因用药比例及用法不同,所治亦稍异耳。彼重在补肾强腰以清湿为主,故可治骨痿不能久立,此方重在渗湿利水以除邪,故可治脚缓不能急行。

九、 杜仲与地黄

熟地味甘,性微温,归肝、肾经。功能补血滋阴,益精填髓。其味甘厚,性微温,质地柔润,入肝、肾经,功擅补血滋阴,益精填髓,为滋补肝肾阴血之要药。长于生精血,善治血虚萎黄,心悸怔忡,月经不调,崩漏下血;质润滋腻,滋补肾阴效佳,常用于肾阴不足之腰膝酸软,骨蒸潮热,盗汗遗精,内热消渴等;补虚滋阴,填精益髓,用治肝肾亏虚,精血不足之眩晕耳鸣,须发早白。本品为补血要药,"大补五脏真阴",故凡血虚、肾阴虚以及肝肾精血亏虚所致各种证候,用之皆宜。

杜仲为补肾阳,强筋骨之要药;熟地为滋肾阴之主药,又可养血益精。二者配伍,一阴一阳,阴中求阳,正宜于肾虚腰痛,须发早白,阳痿遗精等证。

【主治】

肾虚腰痛,须发早白。

【药对方】

杜仲汤(《圣济总录·卷八十五》)。

组成:杜仲(去粗皮,微炙,为细末)三两,生地黄汁三合。

用法:上药先将杜仲末以水二盏,煎至一盏,去滓,入地黄汁三合,酒二合,再煎三五沸,温服,空腹、近晚各一服。

主治:脚气缓弱肿疼。

脚气缓弱肿疼者,肾虚而寒湿内盛也。方以杜仲温肝肾,益精,强筋骨,祛寒湿,以生地黄补肾温通血脉,徐之才谓生地"为散血之专药"。二药合用,入酒煎服,则温通之力胜,可疗肾虚寒湿脚气之证耳。

第二节　历代含杜仲方剂及处方分析

一、杜仲古今方举偶

1. 杜仲丸(《圣济总录》)

【组成】杜仲不计多少(去粗皮,细锉,瓦上焙干)。捣罗为末,煮枣肉糊丸,如弹子大。

【功能主治】治妇人胞胎不安。

【用量用法】每服一丸,嚼烂,糯米汤下。

2. 杜仲丸(《普济方》)

【组成】杜仲(去皮,锉,姜汁浸,炒去丝)、川续断(酒浸)各一两。上为细末,枣肉煮烂,杵和为丸如梧桐子大。

【功能主治】治妊娠两三月,胎动不安。

【用量用法】每服七十丸,空心米饮下,日三服。

3. 杜仲汤(《圣济总录》)

【组成】杜仲(去皮,锉,炒)一两一分,桂(去粗皮)一两,甘草(炙,锉)一分。上三味,粗捣筛。

【功能主治】治霍乱转筋。

【用量用法】每服三钱匕,生姜三片,水一盏,煎至六分,去滓温服。

4. 杜仲散(《百一选方·卷十一》)

【组成】杜仲一两(去皮,杵令烂,以好酒浸一宿,焙干),肉桂半两,牡丹皮半两。上为细末。

【功能主治】治肾气虚弱,荣伤过度,有所亏损,腰痛连小腹疼痛,俯仰惙惙短气。

【用量用法】每服两钱,温酒调下。

5. 杜仲散(方出《肘后方·卷二》,名见《医方类聚·卷五十四》引《神巧万全方》)

【组成】杜仲、牡蛎各等分。

【功能主治】治病后体虚多汗。大病愈后,多虚汗及睡中流汗。伤寒湿温,汗出遍体如水。伤寒后未平复合,阴阳相易,力劣汗出,及鼻衄头疼。

【用量用法】每服五匕,暮卧水调下,不止更作。

6. 杜仲丸(《千金·卷十九》)

【组成】杜仲二两,石斛二分,干地黄三分,干姜三分。上为末,炼蜜为丸,如梧桐子大。

【功能主治】补肾。治肾虚腰痛。

【用量用法】每服二十丸,酒送下,日二次。

7. 杜仲饮(《圣济总录·卷八》)

【组成】杜仲(去粗皮,炙,锉)一两半,川芎一两,附子(炮裂,去皮脐)半两。上锉,如麻豆大。每服五钱匕,水二盏,加生姜、大枣(拍碎),煎至一盏,去滓。

【功能主治】治中风筋脉挛急,腰膝无力。

【用量用法】空腹温服,如人行五里再服,汗出慎外风。

8. 杜仲酒(《千金·卷八》)

【组成】杜仲八两,石楠二两,羌活四两,大附子五枚。上(㕮)咀,以酒一斗,渍三宿。

【功能主治】治风虚腰脚疼痛不遂。

【用量用法】每服两合,日两次。

9. 杜仲酒(《外台·卷十七》引《经心录》)

【组成】杜仲半斤,丹参半斤,川芎五两。上切,以酒一斗渍五宿。

【功能主治】治卒腰痛。

【用量用法】随性少少饮之。

10. 杜仲酒(《医心方·卷六》引《千金》)

【组成】桑寄生、杜仲、鹿茸、桂心各等分。上为末。

【功能主治】治五种腰痛。

【用量用法】每服方寸匕,日三次。

【按语】《千金》治肾脉逆,小于寸口,膀胱虚寒,腰痛,胸中动之,杜仲酒之又方,用桑寄生、牡丹皮、鹿茸、桂心各等分,治下筛,酒服方寸匕,一日三次。

11. 杜仲酒(《外台·卷十七》引《集验方》)

【组成】杜仲半斤,丹参半斤,川芎五两,桂心四两,细辛二两。上切,以酒一斗浸五宿。

【功能主治】治卒然腰痛。

【用量用法】随多少饮之。

【按语】《经心录》无桂心,改为散剂,名杜仲散(见《圣惠》)

12. 补髓丹(《百一选方》)

【组成】杜仲(去粗皮,炒黑色)十两,破故纸十两(用芝麻五两同炒,候芝麻黑色,无声为度,筛去芝麻),鹿茸二两(燎去毛,酒炙),没药一两(别研)。上细末,用胡桃肉三十个,汤浸去皮,杵为膏,入面少许,酒煮糊为丸桐子大,焙干。

【功能主治】治臂痛,腰痛。

【用量用法】每服一百粒,米饮下,温酒、盐汤亦得,食前,日二服。

13. 五痛丸(《仙拈集·卷二》引《锦囊》)

【组成】草薢二两,故纸二两,牛膝一两,木瓜一两,杜仲一两,续断一两。上为末,炼蜜为丸,如梧桐子大。

【功能主治】常服能壮腰滋肾。治诸般腰痛,或虚痰寒热,并跌打气血瘀滞。

【用量用法】每服五十丸,温酒送下。

14. 天麻酒(《普济方·卷三一七》引《十便良方》)

【组成】天麻二两(切),牛膝二两,附子二两,杜仲二两。上锉细,以生绢袋盛,用好酒一斗五升,浸经七日。

【功能主治】治妇人风痹,手足不遂。

【用量用法】每服温饮下一小盏。

15. 平补草薢丸(《鸡峰·卷四》)

【组成】草薢一两半,杜仲一两,干木瓜一两,续断一两,牛膝一两。上为细末,炼蜜为丸,如弹子大。

【功能主治】治脚膝冷气冲腰,行履不前。

【用量用法】每服一丸,空心盐酒、盐汤任下,日三次。

16. 住痛散(《伤科汇纂·卷七》)

【组成】杜仲、大茴、小茴各等分。上为末。

【功能主治】治损伤,气壅疼痛。

【用量用法】每服二钱。

17. 两治散(别名:两治汤,《辨证录·卷十三》)

【组成】白术一两,杜仲一两,当归一两,金银花三两,防己一钱,豨莶草三钱。

【功能主治】治腰眼之间忽长疽毒,疼痛呼号。

【用量用法】水煎服。一剂而痛轻,两剂而痛止,三剂痊愈。

18. 劳痛饮(《仙拈集·卷二》)

【组成】黄芪五钱,杜仲一钱,故纸一钱,核桃肉八个,红花五分。

【功能主治】治劳伤腰痛。

【用量用法】酒煎服。

19. 如神汤(《医学纲目·卷二十八》,如神散(《伤科汇纂·卷七》)

【组成】玄胡索、当归、桂心、杜仲各等分。上为末。

【功能主治】治闪挫腹痛,妇人产后腰痛。

【用量用法】每服三钱,温酒调下。甚者不过数服。

20. 收带汤(《辨证录·卷十二》)

【组成】白术一两,杜仲一两,人参一两,荆芥二钱。

【功能主治】大补任督之气。治妇人产后失血过多,无血以养任、督,带脉崩坠,水道中出肉线一条,长3～4尺,动之则痛欲绝,随溺而随下,每作痛于腰脐。

【用量用法】水煎服。

21. 补肾汤(《本草图经》引《箧中方》,见《证类本草·卷十二》)

【组成】杜仲一大斤,五味子半大升。

【功能主治】治腰痛。

【用量用法】每夜取一剂,以水一大升,浸至五更,煎三分减一,滤取汁,以羊肾三至四枚(切),下之,再煮三至五沸,如作羹法,空腹顿服;用盐、酢和之亦得。

22. 补虚利腰汤(《辨证录·卷二》)

【组成】熟地一两,杜仲五钱,破故纸一钱,白术五钱。

【功能主治】治肾虚腰痛,动则腰痛,自觉其中空虚无着者。

【用量用法】水煎服。连服四剂自愈。

23. 苍柏散(《金鉴·卷四十三》)

【组成】苍术、黄柏、牛膝、杜仲、防己、木瓜、川芎。

【功能主治】治腰痛,湿热注足。

24. 钉胎丸(《青囊秘传》)

【组成】杜仲(糯米汁浸炒)八两,续断(酒浸炒)二两,山药六两。上为末作丸。

【功能主治】治频惯堕胎,三到四个月即坠者。

【用量用法】每服五十至六十丸。孕后两月即服之。

25. 杜仲威灵仙散(《千家妙方》引唐德裕方)

【组成】杜仲20 g,威灵仙15 g。分别研粉后混合拌匀,再取猪腰子一至二个,破开,洗去血液,再放入药粉,摊匀后合紧,共放入碗内,加水少许,用锅子置火上久蒸。

【功能主治】功能补肾强骨,除湿止痛。治肾气亏损,腰肌劳损,腰痛。

【用量用法】吃猪腰子,饮其汤,每日一剂。

26. 杜仲木香散(方出《奇效良方·卷二十七》,名见《医统·卷五十八》)

【组成】杜仲(炒去丝)四两,木香四两,官桂一两。上为细末。每服二钱,空心温酒送下。

【功能主治】功能活血化气。治腰痛。

27. 牡蛎粉散(《医方类聚·卷五十四》引《神巧万全方》)

【组成】牡蛎粉一两,麻黄根一两,杜仲一两(炙),黄芪一两。上为细散。

【功能主治】治伤寒汗不止。

【用量用法】每服二钱,煎蛤粉调下,不拘时候。

28. 鸡肝散(《仙拈集·卷二》引《全生》)

【组成】杜仲一钱,厚朴一钱,桑皮一钱,槟榔一钱。取雄鸡肝一个,勿入水,去红筋,与药并入白酒酿六两内,隔汤炖热,去滓。

【功能主治】治赤眼淹缠。

【用量用法】饮汤食肝。隔两日再服一次痊愈。

29. 固齿将军散(《景岳全书·卷五十一》)

【组成】锦纹大黄(炒微焦)十两,杜仲(炒半黑)十两,青盐四两。上为末。

【功能主治】功能牢牙固齿。治牙痛牙伤,胃火糜肿。

【用量用法】每日清晨擦漱;火盛者咽之亦可。

30. 实腰汤(《辨证录·卷二》)

【组成】杜仲一两,白术二两,熟地一两,山茱萸四钱,肉桂一钱。

【功能主治】治肾虚腰痛,自觉其中空虚无着者。

【用量用法】水煎服。

31. 戒烟方(《温氏经验良方》)

【组成】炒杜仲四两,川贝母二两,甘草二两。

【功能主治】断烟瘾。

【用量用法】每于瘾来之前,开水冲服一茶匙。照常吸烟,不可间断,日久即能断瘾,戒时毫无痛苦,并与身体有益。

32. 治小便余沥方(《本草汇言》)

【组成】川杜仲四两,小茴香二两(俱盐、酒浸炒),车前子一两五钱,山茱萸肉三两(俱炒)。共为末,炼蜜丸,梧桐子大。

【功能主治】治小便余沥,阴下湿痒。

【用量用法】每早服五钱,白汤下。

33. 治高血压方

【组成】① 生杜仲 12 g,桑寄生 15 g,生牡蛎 18 g,白菊花 9 g,枸杞子 9 g。(《山东中草药手册》)

② 杜仲、黄芩、夏枯草各 15 g。(《陕西中草药》)

【功能主治】治高血压病。

【用量用法】水煎服。

34. 治肾炎方(《福建药物志》)

【组成】杜仲、盐肤木根二层皮各 30 g。

【功能主治】治肾炎。

【用量用法】加猪肉酌量炖服。

二、含杜仲的古代方剂分析

检索《中医方剂大词典》收录的含"杜仲"的复方,方剂中杜仲起主要治疗作用,药味数少于或等于 15 味者,共得到方剂 84 首。

1. 古方含"杜仲"方剂主治疾病统计

84 首含"杜仲"的古方中,通过"频次统计",分析出主治疾病 19 种,其中频次较高为腰痛、虚病、胎动不安(见表 3-1)。

表 3-1　含杜仲的古代方剂主治疾病分类

序号	疾病种类	频次(占比,%)	序号	疾病种类	频次(占比,%)
1	腰痛	42(50.00)	11	不孕	1(1.19)
2	虚病	9(10.71)	12	带下	1(1.19)
3	胎动不安	4(4.76)	13	瘰疬	1(1.19)
4	产后身痛	3(3.57)	14	目疾	1(1.19)
5	盗汗	3(3.57)	15	脐湿	1(1.19)
6	堕胎	3(3.57)	16	外感热病	1(1.19)
7	肾衰	3(3.57)	17	阳痿病	1(1.19)
8	中风	3(3.57)	18	腰疽	1(1.19)
9	自汗	3(3.57)	19	月经先后无定期	1(1.19)
10	脚气	2(2.38)			

2. 含杜仲的古代方剂药物配伍规律分析

(1) 含杜仲的古代方剂中药物频数分析

84 首古方中除杜仲外共有 127 味药物,按照使用频次进行分析,涉及药物总频次为561次,平均每味中药使用4.42次。使用频次最高的前五味中药分别是肉桂(34次,6.06%)、当归(28次,4.99%)、牛膝(21次,3.74%)、附子(18次,3.21%)、续断(16次,2.85%),累计频次占总频次的20.85%。与杜仲配伍且出现频次大于等于10的药味分布(见表3-2)。

表3-2　含杜仲的古代方剂中药物频次分析

序号	药物	频次(占比,%)	序号	药物	频次(占比,%)
1	肉桂	34(6.06)	9	补骨脂	13(2.32)
2	当归	28(4.99)	10	肉苁蓉	12(2.14)
3	牛膝	21(3.74)	11	五味子	12(2.14)
4	附子	18(3.21)	12	茯苓	11(1.96)
5	续断	16(2.85)	13	地黄	11(1.96)
6	川芎	15(2.67)	14	菟丝子	11(1.96)
7	粉萆薢	14(2.50)	15	防风	10(1.78)
8	熟地黄	14(2.50)	16	黄芪	10(1.78)

(2) 含杜仲的古代方剂中药物功效分类

按照《中药学》功效分类将127味药物进行分类,发现与杜仲配伍频数最高的为补虚药(196次,34.94%),温里药(66次,11.76%),活血化瘀药(57次,10.16%),清热药(41次,7.31%),祛风湿药(36次,6.42%)(见表3-3)。

表3-3　含杜仲的古代方剂中药物功效分类

序号	药物种类	频次(占比,%)	序号	药物种类	频次(占比,%)
1	补虚药	196(34.94)	7	解表药	28(4.99)
2	温里药	66(11.76)	8	收涩药	27(4.81)
3	活血化瘀药	57(10.16)	9	行气药	20(3.57)
4	清热药	41(7.31)	10	安神药	11(1.96)
5	祛风湿药	36(6.42)	11	平肝息风药	10(1.78)
6	利水渗湿药	32(5.70)	12	泻下药	7(1.25)

序号	药物种类	频次（占比，%）	序号	药物种类	频次（占比，%）
13	化痰药	6(1.07)	17	化湿药	4(0.71)
14	驱虫药	5(0.89)	18	开窍药	3(0.53)
15	止血药	5(0.89)	19	止咳平喘药	2(0.36)
16	攻毒杀虫止痒药	4(0.71)	20	消食药	1(0.18)

（3）含杜仲的古代方剂中药物药性分析

① 含杜仲的古代方剂中药物四气分析

127 种中药中，按《中药学》进行四气分析，具体结果（见表 3-4）。将微温、温、热、大热性药物统归为温热一类，则温热药物所占比例高达 59.79%。杜仲具有补肾阳的作用，其所主治的病证以阳虚为主。从与杜仲相配伍药物的四气来看，温热性的药物为多，寒凉性药物较少。

表 3-4　含杜仲的古代方剂中药物四气分析

序号	四气	频次（占比，%）	序号	四气	频次（占比，%）
1	温	185(32.92)	5	大热	52(9.25)
2	平	125(22.24)	6	寒	43(7.65)
3	微温	92(16.37)	7	热	7(1.25)
4	微寒	57(10.14)	8	凉	1(0.18)

② 含杜仲的古代方剂中药物的五味分析

与杜仲相配伍的药物甘味药较多，其次为辛味和苦味。杜仲味甘，甘味能补，用杜仲组方治疗的疾病以虚证为多，因此多与甘味药相配伍。此外，杜仲主治病证中腰痛、痹证较多，多属于风湿痹阻经络，味辛能行，味苦能燥，因此与辛味与苦味药相配伍，共同发挥扶正祛邪的作用（见表 3-5）。

表 3-5 含杜仲的古代方剂中药物五味分析

序号	五味	频次(占比,%)	序号	五味	频次(占比,%)
1	甘	322(33.30)	5	咸	40(4.14)
2	辛	308(31.85)	6	涩	17(1.76)
3	苦	225(23.27)	7	淡	15(1.55)
4	酸	40(4.14)			

③ 含杜仲的古代方剂中药物的归经分析

将 84 首与杜仲组成配方的方剂药物依据《中药学》进行归经分析,结果显示归经主要以肾经为主,占 24.72%,其次为肝经、脾经,分别占 20.12% 和 16.19%。肝主筋、肾主骨,杜仲归肝、肾经,多用于治疗肝肾亏虚、筋骨痿软者。可见古方中与杜仲组成配方的药物其归经与杜仲相同,取其相须、相使之意(见表 3-6)。

表 3-6 含杜仲的古代方剂中药物的归经分析

序号	药物种类	频次(占比,%)	序号	药物种类	频次(占比,%)
1	肾经	371(24.72)	7	大肠经	54(3.60)
2	肝经	302(20.12)	8	膀胱经	42(2.80)
3	脾经	243(16.19)	9	胆经	34(2.27)
4	心经	203(13.52)	10	心包经	16(1.07)
5	肺经	127(8.46)	11	小肠经	8(0.53)
6	胃经	98(6.53)	12	三焦经	3(0.20)

第三节 杜仲在民族医药中的应用

医药根植于不同民族文化的土壤中,是不同文化母体孕育的结果,与本民族的生存环境、风俗习惯、宗教信仰、社会制度、经济模式、科技发展水平及哲学思想有着千丝万缕的联系。在我国的民族医药中,杜仲主要在蒙医药和苗医药中出现。但民族医药与中医药理论有着明显差异,因此杜仲在民族医药中的药性与功能也与中药有所不同。蒙医药有文字记载,有着相对系统的理论,从几本蒙医药著作中可以发现关于杜仲的论述。苗族没有流传下来系统的文字,所以杜仲在苗医药中的应用没有文字记载,只能从民间用药中进行收集和整理。

一、 蒙药

蒙药中杜仲名为浩热图-宝茹(《无误蒙药鉴》)。另有异名:达布僧(《认药白晶鉴》),敏达松-海利素图-毛都、查干-毛都(《蒙药学》)。

本品载于古代蒙药专著《认药白晶鉴》,本书称其:"生于峡谷林中,树皮似杨树皮,灰绿色"。另一部蒙医药经典《无误蒙药鉴》载:"树皮似杨皮,外表灰色,内含蓝色染料。浸泡水中汁液呈蓝色"。依据上述植物生境特征无法考证其原植物,但蒙医普遍沿用杜仲为达布僧。根据临床用药经验,认定历代蒙医药文献中所载的达布僧即浩热图-宝茹(杜仲)[10]。

【药性】味甘,性平。效腻、糙、固、温、重、燥。

《金光注释集》:味酸、苦,消化后味苦,具腻、糙、固、温、重、燥、浊等功效,以形状功能为主。

【功能与主治】接骨,清热。主治骨折,骨热,肌腱裂伤等。

《论说医典》:"杜仲接骨,清骨热"。

【用法用量】内服:煮散剂,3~5 g;或入丸、散。

【附方】

治各类骨折,颅骨骨折:石决明,赤石脂,代赭石,炉甘石,寒水石,杜仲各等量,制成散剂。每次1.5~3 g,每日1~2次,白酒或温开水送服。(《蒙医药方汇编》六味石决明散)

【现代研究】

(1) 蒙药二味杜仲胶囊治疗绝经后骨质疏松

蒙药二味杜仲胶囊组(杜仲,蓝刺头,比例3∶1)治疗绝经后骨质疏松

35 例,对照组 35 例口服维 D 钙咀嚼片,经 24 周治疗。结果显示:两组治疗后腰背疼痛、腰膝酸软、下肢疼痛及下肢痿软症状评分较治疗前均降低($P<0.05$),蒙药二味杜仲胶囊组降低程度大于对照组($P<0.05$),且治疗组无不良反应。表明蒙药二味杜仲胶囊对于绝经后骨质疏松疗效确切,有明显治疗优势,同时药物安全性高[11]。

(2)蒙药杜仲 10 味水丸治疗高血压

蒙药杜仲 10 味水丸(杜仲 100 g、沉香 50 g、决明子 20 g、红花 30 g、石决明 4 g、海金沙 100 g、丁香 6 g、琥珀 6 g、肉豆蔻 6 g、赤石脂 20 g 等药材研细末制成水丸,每丸重量 0.2 g)治疗高血压 30 例,对照组 30 例口服心痛定(硝苯地平)。每 15 天为一疗程,连续观察两个疗程。结果显示两组治疗高血压的疗效无显著差异,其次蒙药治疗组无头痛、心悸等不良反应的发生,较心痛定(硝苯地平)组药物安全性高[12]。

(3)蒙药二味杜仲胶囊对去卵巢大鼠子宫雌激素受体的影响

研究蒙药二味杜仲胶囊对去卵巢大鼠子宫雌激素受体的影响,探讨蒙药二味杜仲胶囊防治绝经后骨质疏松症的作用机制。结果发现蒙药二味杜仲胶囊提高了去卵巢大鼠血清雌二醇水平,使大鼠子宫雌激素受体 $ER\alpha$、$ER\beta$ 的表达增强。结果显示蒙药二味杜仲胶囊具有类雌激素样作用,可使去卵巢大鼠子宫 $ER\beta$ 表达增强,对子宫内膜无雌激素样刺激增生作用,对去卵巢大鼠骨质疏松有明显的治疗作用[13]。

【按语】蒙药六味,即甘、酸、咸、苦、辛、涩等,是由五种元素在物体形成或植物成长过程中起复杂作用形成的。八性是指重、腻、寒、钝、轻、糙、热、锐等八种,具有调节病因所致的异常状态,使之趋于平衡的作用。蒙药有柔、重、温、腻、固、寒、钝、凉、和、稀、燥、淡、热、轻、锐、涩、动等十七种效能。甘味能清热解毒,调和气血,滋养强身,添精补髓,接骨疗伤,改善视力、听力等;重、腻两性能克制赫依性病症(类似于中医"气"和"风");轻、涩、热、锐四性则能克制巴达干性病症(类似于中医的"土""水"和"湿")。综上,蒙药中杜仲的主要作用一方面是接骨疗伤,另一方面与抑制风湿之邪有关,推测应可用于风湿痹痛。

二、苗药

苗族是一个古老的民族,主要分布于黔、湘、鄂、池、川、两广及滇等地。由于苗族无本民族文字和史实的记载,故其医药的起源难以考证。贵州是我国杜仲的道地产区之一,苗族应用杜仲的历史虽难从文字上考证,但当地人民认识和应用杜仲应该历史悠久。我国苗族主要分布于东部(以湘西为中心)、西部(以黔东南为中心)及中部(以黔、滇、川为中心)等三大区域,各区域间对药物的称呼也有差别,杜仲苗药名东部为 *Ndut xinb sod*(都信梭);西部为 *Ndut zhoux ndut sod*(都仇都索);中部为 *Det dens*(都顿、豆顿),*det uab ud fab*(豆蛙五番)。现以中部的名称为主,其命名方式主要遵循苗药 3 种命名方法中的"类别词＋特征性词或词组"而得。*Det dens*(都顿、豆顿)中的"*Det*"为类别词,表示木类的药材,"*dens*"是用苗语拼出的近似音[14]。

【药性】味甜,性热。入冷经[15]。

《中国苗族药物彩色图集》:"味甜,性热,入冷经"。

《苗族药物集》:"性热,味甜,入冷经"。

【功能与主治】补肝肾,强筋骨。主治腰痛,头晕,胎动不安。

《苗族药物集》:"强筋,保胎"。

【用法用量】内服,煎汤,6～15 g;或浸酒;或入丸、散。都顿常以鲜药使用。使用时,苗医往往将其单方或复方鲜品让患者内服或捣成药泥,包敷于患处,治疗骨折时还直接用其当作夹板,同时起到固定、保湿及发挥药效的作用,以体现苗医"药用生鲜"的特色。

【附方】

(1)治头晕目眩:杜仲 60 g,芭蕉根 30 g,煨水服。(《贵州草药》)

(2)治虚劳腰痛:杜仲 3～6 g,研末,蒸羊肾 2 个服。(《贵州草药》)

【按语】都顿"热性",属苗药中能减轻或消除冷病的药物。都顿"甜、

涩、黏""甜味主补益,涩味主收敛",属于气味素质中的味素质。而"黏性主
粘接",属于结构素质。根据都顿发挥作用的部位,总结出入肾、性、身三架
的药物走向。

而"走关"是指药物对各架组的走向和渗透力。分为浅、中、深 3 个关
口,即表、中、里三关。一般而言,花、叶等质轻的药物,易行于人体上部,药
力多作用于人的体表,走表关;枝、干等质地中等的药物多作用于人体躯干、
四肢的筋、骨、血、肉等,走中关;根部及果实类药物等质重的药物,多作用于
人体内的脏器,走里关。都顿为树干的皮层且质重,故走中、里两关。苗药
治病遵循"以色治色,以形解形"之说,这与中医法象药理有相似之处。因都
顿味甜能补,涩能收,性黏(断后具胶丝相连)能粘接。故苗医认为都顿具有
补骨髓,续骨接筋之功,主用于治疗骨折。

参考文献

［1］段卫华,牛彦兵,崔茗婉,等. 杜仲丸不同配比对去卵巢大鼠骨质疏松症的影响
　　［J］.中国实验方剂学杂志,2016,22(07)：130-133.

［2］段卫华,于佳慧,高秀梅. 杜仲续断药对不同配比对 SAMP6 小鼠脂代谢的影响
　　［J］.中国民族民间医药,2016,25(09)：14-15.

［3］段卫华,于佳慧,高秀梅.不同配比杜仲丸对 SAMP6 小鼠抗抑郁作用的研究［J］.
　　天津中医药大学学报,2015,34(01)：34-36.

［4］高卫辉,向艳华,刘云,等.中药杜仲-牛膝配伍对去卵巢大鼠骨质疏松症的干预实
　　验研究［J］.湖南中医药大学学报,2016,36(06)：43-46.

［5］宗娜,李丹丹,杨小林,等.牛膝-杜仲药对促进 RIN 细胞胰岛素分泌作用的研究
　　［J］.海峡药学,2017,29(04)：29-31.

［6］张翠青,姚灿坤.牛膝、杜仲、桑寄生治疗"肾虚态"高血压病——仝小林三味小方
　　撷萃［J］.吉林中医药,2019,39(12)：1576-1578.

［7］邹泽良,吴峰.杜仲、补骨脂促进离体培养成骨细胞增殖的实验研究［J］.海南医学
　　院学报,2017,23(12)：1593-1595,1599.

［8］吴浩然,王新苗,方心怡,等.补骨脂、骨碎补、杜仲治疗原发性骨质疏松症腰痛经
　　验——仝小林三味小方撷萃［J］.吉林中医药,2020,40(03)：299-301.

［9］苏洁,陈素红,吕圭源,等.杜仲及菟丝子对肾阳虚大鼠生殖力及性激素的影响
　　［J］.浙江中医药大学学报,2014,38(9)：1087-1090.

［10］国家中医药管理局《中华本草》编委会.中华本草·蒙药卷［M］.上海:上海科学技

术出版社,2004：222-223.

[11] 赵军,谢静华.蒙药二味杜仲胶囊治疗 PMOP 的临床观察[J].中国民族医药杂志,
2019,25(08)：20-22.

[12] 阿拉坦乌拉,巴拉珠尔,娜仁满都拉,等.蒙药杜仲-10 味水丸治疗高血压临床观察
[J].中国民族医药杂志,2007(03)：19-20.

[13] 刘岩,王久和,常虹.蒙药二味杜仲胶囊对去卵巢大鼠子宫雌激素受体的影响[J].
内蒙古医科大学学报,2014,36(4)：334-338.

[14] 李婷,杜江.浅析杜仲在苗药与中药中的差异[J].中国民族医药杂志,2018,24(5)：
52-53.

[15] 邱德文.中华本草·苗药卷[M].贵阳:贵州科技出版社,2005：295-296.

第四章

杜仲的现代临床应用

第一节　杜仲的现代临床应用及处方分析

一、杜仲的现代临床应用举隅

（一）心脑血管疾病

1. 高血压病

（1）天麻杜仲汤治疗老年性高血压

天麻杜仲汤（杜仲，枸杞，川续断，牛膝，天麻，钩藤，菊花，丹参，川芎，赤芍，半夏，泽泻，防己）治疗老年性高血压患者 90 例。可随症加减，10 天为一个疗程，服药 2 个疗程后观察结果。结果显示：90 例患者中，显效 39 例，占 43.3%；有效 47 例，占 52.2%。总有效率 95.5%[1]。

（2）复方杜仲降压片治疗高血压

复方杜仲降压片（炒杜仲，益母草，夏枯草，黄芩，钩藤）治疗高血压 45例，巯甲丙脯酸片（卡托普利）为阳性对照药。4 周为一疗程。结果显示：在降压作用方面，治疗组总有效率 84.4%，与对照组无显著性差异。治疗组能明显改善临床症状，并兼有降低血清总胆固醇（TC）、甘油三酯（TG）、内皮素（ET）、一氧化氮（NO）、血栓素（TXA2）和升高一氧化氮（NO）的作用，同时较之对照组头痛减轻，无不良反应发生[2]。

（3）复方杜仲片治疗原发性高血压病

复方杜仲片(杜仲,钩藤)治疗原发性高血压病 150 例。疗程 2~3 周,对照组口服脉君安片。结果显示:复方杜仲片与同等条件下的脉君安片相比降压作用无显著差异。复方杜仲片降压作用缓和、稳定,可有效提高患者的生活质量,对早期轻度高血压的治疗及较严重高血压的配合治疗有较好的作用。同时较之脉君安片中因含有氢氯噻嗪而导致少数患者乏力、纳差等不良反应,观察治疗组无不良反应出现,药物安全性高[3]。

(4) 天麻钩藤汤治疗原发性高血压

天麻钩藤汤(天麻,钩藤,杜仲,石决明,栀子,黄芩,川牛膝,益母草,桑寄生,夜交藤)治疗原发性高血压 25 例,对照组 25 例服用培哚普利。42 天为一疗程,观测临床症状、血压变化、症状积分、不良反应。结果显示:临床疗效方面,治疗组显效 10 例,有效 13 例,无效 2 例,总有效率 92%。结果表明:天麻钩藤汤对于原发性高血压病治疗效果确切,可有效改善高血压相关的不适症状,提高患者生存质量。此方对 1~2 级单纯高血压患者降压效果肯定[4]。

(5) 降压饮治疗轻中度高血压

降压饮(生杜仲,夏枯草,菊花,枸杞子)治疗舒张压均在 90~110 mmHg 的患者 60 例,30 天为一个疗程。结果显示:35 例患者舒张压下降≥10 mmHg 并降至正常,17 例舒张压下降<10 mmHg 基本降至正常,8 例无效。总有效率 86.67%。结果显示:对于轻中度高血压治疗效果确切,治疗中血常规及肝肾功能无变化,也未见明显不良反应,药物安全性高[5]。

(6) 杜仲口服液联合常规降压药治疗高血压病

在服用常规降压药的基础上加用杜仲口服液(杜仲,山楂,怀菊花,怀牛膝,葛根,天麻等)治疗高血压病患 30 例,以口服常规降压药 30 例为对照组。结果显示:一个疗程后,合用杜仲口服液组收缩压及舒张压下降幅度、降压总有效率均明显大于对照组;合用杜仲口服液能明显改善症状,降低血清总胆固醇(TC),且治疗过程中无不良反应出现,安全有效[6]。

(7) 天仲八味降压方联合苯磺酸左旋氨氯地平片治疗原发性高血压病

天仲八味降压方(天麻,杜仲,菊花,钩藤,夏枯草,白芍,半夏,三七粉)联合苯磺酸左旋氨氯地平片口服治疗原发性高血压病 40 例,对照组 40 例仅给予苯磺酸左旋氨氯地平片口服。两组均以 1 个月为一个疗程。结果显示:加用天仲八味降压方后原发性高血压病疗效确切,能显著降低收缩压和舒张压,改善患者临床症状,合用治疗高血压有明显优势[7]。

(8)强力天麻杜仲胶囊联合洛汀新片治疗高血压病肝阳上亢证

强力天麻杜仲胶囊(天麻,盐制杜仲,制草乌,制附子,独活,藁本,玄参,当归,地黄,川牛膝,槲寄生,羌活)与洛汀新片合用治疗高血压病肝阳上亢证 35 例,对照组仅服用洛汀新片。两组均治疗 3 周后判断疗效。结果显示:在常规西药治疗的基础上加用强力天麻杜仲胶囊可有效降低患者血压,改善腰酸、眩晕等临床表现[8]。

(9)补肾活血方联合络活喜(氨氯地平)治老年高血压病

补肾活血方(山茱萸,杜仲,桑寄生,地龙,丹参,益母草,牡丹皮)联合络活喜(氨氯地平)治老年高血压病 30 例,对照组 30 例单用络活喜(氨氯地平)治疗。治疗 4 周为一个疗程,连续观察 2 个疗程。结果显示:加用补肾活血方可有效改善高血压患者全身症状,降低收缩压及血栓素 B_2 水平,疗效优于单用西药治疗[9]。

2. 缺血性脑病

(1)通络Ⅳ号方联合西药治疗脑梗死

将 80 例脑梗死患者随机分为两组,对照组 40 例静注血栓通注射液、胞磷胆碱钠注射液,口服阿司匹林肠溶片合并高血压、糖尿病、冠心病对症治疗,治疗组 40 例内服通络Ⅳ号方(黄芪,杜仲,当归,桑寄生,水蛭,丹参),西药治疗同对照组。结果表明:在西药治疗基础上加用通络Ⅳ号可显著提高脑梗死急性期的疗效,改善神经功能,减少炎症损伤与脑缺血再灌注损伤,有较好的脑保护作用,有效提高患者生存质量[10]。

(2)强力天麻杜仲胶囊治疗慢性脑供血不足

强力天麻杜仲胶囊(天麻,盐制杜仲,制草乌,制附子,独活,藁本,玄参,当归,地黄,川牛膝,槲寄生,羌活)治疗慢性脑供血不足患者 40 例,对照组 40 例服用尼莫地平。两组连续治疗 8 周后评价疗效。结果显示:以强力天麻杜仲胶囊治疗慢性脑供血不足效果确切,能有效改善患者头晕、头重等症状,增加血流量,效果满意[11]。

(3) 杜蛭丸治疗缺血性中风

杜蛭丸(杜仲,巴戟天,淫羊藿,黄芪,当归等)治疗缺血性中风 150 例,对照组 50 例口服黄杨宁片(环常绿黄杨碱)。以 28 天为一个疗程。结果显示:杜蛭丸治疗缺血性中风时,可有效降低血脂与血液黏度,抗血栓形成,还可改善患者半身不遂、偏身麻木,气短乏力等症状,有效恢复患者活动度,改善生活质量,治疗无不良反应,疗效安全稳定[12]。

3. 颈动脉粥样硬化

冠心Ⅱ号方联合西药治疗颈动脉粥样硬化

80 例颈动脉粥样硬化患者均服用肠溶阿司匹林、舒降之(辛伐他汀)西药常规治疗。治疗组 40 例加服口服冠心Ⅱ号方(仙灵脾,仙茅,杜仲,黄芪,田七,葛根),对照组 40 例单纯西药治疗。6 个月为一个疗程。结果显示:以冠心Ⅱ号治疗颈动脉粥样硬化斑块疗效显著,有效改善颈动脉粥样硬化患者头痛、头晕等临床症状,消除或改善斑块体积及 IMT,升高血液中 NO、NOS、SOD 水平,调节内皮功能,降低血液黏度及血脂,有效治疗颈动脉粥样,且治疗无不良反应,疗效安全[13]。

(二) 骨关节疾病

1. 腰椎间盘突出

(1) 独活杜仲寄生汤联合牵引治疗腰椎间盘突出症

184 例腰椎间盘突出症患者在予牵引治疗的基础上,治疗组 92 例加服独活杜仲寄生汤(独活,桑寄生,杜仲,赤芍,白芍,当归,地龙,延胡索,牛膝,甘草)化裁内服,对照组 92 例给予双氯芬酸钠缓释胶囊口服治疗。10 天为一个疗程,治疗 2 个疗程,临床痊愈病例随访 1 个月。结果显示:独活杜仲寄生汤加减治疗腰椎间盘突出症疗效优于西药双氯芬酸钠缓释胶囊,治疗安全性高,随访较之对照组无复发病例[14]。

（2）杜仲强腰汤治疗肾虚血瘀型腰椎间盘突出症

杜仲强腰汤（续断,杜仲,龟板,川牛膝,五加皮,白芍,狗脊,三棱,莪术,当归,川芎,熟地,甘草）治疗肾虚血瘀型腰椎间盘突出症患者40例,对照组40例口服甲钴胺。以10天为一个疗程,连续治疗3个疗程。结果显示：治疗组总有效率为87.5%,对照组总有效率为55.5%,具有统计学差异;患者各项体征评分（腰痛和下肢疼痛等）显著优于对照组;治疗组与对照组同样能改善血液流变学,治疗组血清C-反应蛋白、IL-10和TNF-α水平低于对照组分。结果表明：杜仲强腰汤可提高机体的新陈代谢,同时改善患者多项相关症状,提高患者生活质量[15]。

（3）益肾壮腰汤治疗腰椎间盘突出症

益肾壮腰汤（桑寄生,杜仲,牛膝,锁阳,熟地黄,麻黄,苍术,鸡血藤,茯苓等）治疗87例腰椎间盘突出症患者,包括寒湿、湿热、血瘀、肾虚等不同证型。辅以卧硬板床休息,每天间断牵引。临床治疗4周为一疗程,连续治疗2个疗程。结果显示：治愈36例,显效31例,有效14例,无效6例,总显效率为77.01%。各证型患者组间无显著性差异,益肾壮腰汤治疗不同证型腰椎间盘突出症有相同的疗效,均可缓解患者疼痛,提高生活质量[16]。

（4）复方杜仲片治疗腰椎间盘突出症

复方杜仲片（杜仲,续断,当归,牡丹皮,桃仁,醋延胡索,赤芍,制乳香,红花,制没药等）治疗90例腰椎间盘突出症患者,对照组90例口服双氯芬酸钠缓释胶囊。两组均治疗三个月,期间2组均有10例因个人原因退出试验。结果显示：应用复方杜仲片治疗腰椎间盘突出症可有效改善患者腰腿痛等相关症状,同时可减缓髓核退变,同时药物安全性有保障[17]。

（5）正腰伸筋膏治疗腰椎间盘突出症

正腰伸筋膏（杜仲,桑寄生,厚朴,肉桂,透骨草,穿山甲,地龙,川芎,冰片）贴敷治疗腰椎间盘突出症30例,对照组30例采用奇正消痛贴治疗。连续5天为一疗程,连续治疗4周。结果显示：应用正腰伸筋膏治疗气滞血瘀型腰椎间盘突出症不仅疗效优于奇正消痛贴,也能有效改善患者正常生活动作情况(睡觉翻身、站立等),治疗效果值得肯定[18]。

2. 骨质疏松

(1) 健骨散治疗绝经后妇女骨质疏松症

健骨散(杜仲,熟地黄,鹿角胶,黄芪,当归,延胡索,牛膝,丹参)治疗绝经后妇女骨质疏松症76例。连续服3个月。结果显示:健骨散治疗可减轻患者疼痛等症状,76例患者中显效28例,有效39例,无效9例,总有效率占88.2%;X线显示腰椎骨质疏松改善程度、骨密度值提高程度均较明显[19]。

(2) 杜仲补肾健骨汤治疗骨质疏松症

136例骨质疏松症患者按1:1比例分为两组,对照组给予温针灸(肾俞穴、足三里、三阴交、大抒穴、悬钟)治疗,治疗组在对照组治疗基础上加用杜仲补肾健骨汤(杜仲,熟地黄,骨碎补,淫羊藿,黄芪,当归,白芍,菟丝子,丹参,红花,牛膝)。两组均连续治疗12周。结果显示:治疗组显效47例,有效16例,无效5例,有效率为92.65%;对照组显效21例,有效33例,无效14例,有效率为79.41%,两组对比,差别有统计学意义;在中医症状积分、骨代谢指标水平方面,治疗后治疗组均优于对照组[20]。

(3) 活络健骨方治疗老年性骨质疏松症

活络健骨方(含连钱草,杜仲,三七等)治疗老年性骨质疏松症30例,对照组30例给予A-D$_3$0.5 ug口服,两组患者每天均常规口服碳酸钙600 mg,疗程均为3个月。结果显示:活络健骨方抗骨质疏松明显优于A-D$_3$,活络健骨方能够增加血清BALP、BGP水平,提高成骨细胞活性,改善骨代谢,促进成骨,缓解SOP患者临床症状,延缓SOP的进展[21]。

(4) 杜仲饮子治疗甲亢性骨质疏松

甲亢性骨质疏松患者共60例,对照组30例服用抗甲亢及防治骨质疏松西药、碳酸钙D$_3$片、硫脲类抗甲状腺药物、骨化三醇胶丸及基础治疗。治疗组30例在对照组基础上加服杜仲饮子(杜仲,狗脊,牛膝,黄精,熟地,山药,龟板,黄芪,茯苓,白术,丹参,当归)。8周为一个疗程。结果显示:治疗组总有效率(93.3%)明显优于对照组(80%)。治疗组甲功、骨密度值、骨生化指标较对照组有明显改善。杜仲饮子联合西药常规治疗还可缓解怕热多汗等甲亢症状,改善患者甲状腺功能,对甲亢性骨质疏松疗效满意,且不良反应较单用西药少[22]。

(5) 骨碎补、淫羊藿配伍杜仲治疗骨质疏松症

80例老年骨质疏松患者均服用钙尔奇D,治疗组加用中药(骨碎补,淫羊藿,杜仲)。两组均治疗6个月后判定疗效。结果显示:以骨碎补、淫羊藿配伍杜仲治疗骨质疏松症患者疗效显著,可以有效促进患者机体对于钙的吸收,提高骨密度,且可以减缓患者疼痛,治疗过程患者无痛苦,效果满意[23]。

3. 骨性关节炎

(1) 复方杜仲健骨颗粒治疗膝关节骨性关节炎

600例患者随机分为两组,治疗组400例服用复方杜仲健骨颗粒(杜仲,白芍,续断,黄芪,枸杞子,牛膝,三七,鸡血藤,人参,当归,黄柏,威灵仙),对照组200例服用壮骨关节丸。两组疗程均为1个月。结果显示:复方杜仲健骨颗粒组400例临床控制48例,显效139例,有效181例,无效32例,控显率47%,总有效率92%,疗效优于对照组。中医证候积分比较复方杜仲健骨颗粒疗效优于对照组,且复方杜仲健骨颗粒比对照组起效快,有效改善患者关节活动度,缓解疼痛感,同时安全稳定性好[24]。

(2) 杜仲灵仙汤治疗骨性关节炎

杜仲灵仙汤(杜仲,威灵仙,木防己,续断,当归,赤芍,豨莶草,地龙,木瓜)加减治疗骨性关节炎88例。10天为一疗程,连续服2个疗程。结果显示:临床治愈29例,显效32例,有效21例,无效6例,总有效率93.2%。表明以杜仲灵仙汤治疗骨性关节炎可有效缓解患者关节疼痛、放射痛,改善关节活动度,治法简便易行,疗效满意[25]。

(3) 消骨痛汤治疗骨关节炎

消骨痛汤(杜仲,骨碎补,桑寄生,牛膝)临证加减治疗30例骨关节炎患

者,治疗 4 周。结果显示:消骨痛汤治疗后,疼痛消失,恢复正常能完成日常一般活动的 9 例,占 3%,疼痛明显减轻,肢体活动基本恢复 17 例,占56.75%,疼痛及活动能力无改善者 4 例,占 13.3%。消骨痛汤可明显缓解骨关节炎患者关节疼痛肿胀,治疗效果显著,可有效提高患者生活质量[26]。

4. 颈椎病

(1) 生脉杜仲汤治疗颈椎病

生脉杜仲汤(党参,麦门冬,五味子,杜仲,白术,泽泻,破故纸,桑寄生,当归,白芍,狗脊,甘草)内服治疗 100 例颈椎病患者。一日一剂,10 剂为一个疗程,一般用 1～3 个疗程。结果显示:以生脉杜仲汤治疗颈椎病疗效确切,对于颈椎疼痛、手指麻木等症状均有明显改善,复发率低且可有效治愈[27]。

(2) 手法加服杜仲汤治疗颈椎病

应用手法加服杜仲汤(杜仲,枸杞,鸡血藤,丹参,玄胡,独活,徐长卿,刘寄奴,防己,伸筋草,五加皮)治疗 126 例颈椎病患者。20 日为一个疗程。结果显示:经 10 个月～2 年随访,显效 86 例,良好 28 例,有效 9 例,无效 3例,总有效率 97.6%。结果表明以推拿手法加服杜仲汤对于颈椎病治疗效果良好,能有效缓解患者疼痛感,提高生活质量,治法简便易行,无不良反应[28]。

(3) 强力天麻杜仲胶囊治疗颈源性头痛

强力天麻杜仲胶囊(天麻,杜仲,制草乌,制附子,独活,藁本,玄参,当归,地黄,川牛膝,槲寄生,羌活)治疗 180 例颈源性头痛 94 例,同时口服卡马西平＋维生素 B。对照组 86 例仅服用卡马西平＋维生素 B。结果显示:强力天麻杜仲胶囊可有效缓解患者颈枕部疼痛,治疗组自评值和医评值均显著下降,降幅明显大于对照组[29]。

5. 强直性脊柱炎

(1) 活血通络汤治疗强直性脊柱炎

以活血通络汤(杜仲,白术,独活,防己,伸筋草,桑寄生,丹参,鸡血藤,狗脊,青风藤,当归,川芎,制乳香,制没药)治疗强直性脊柱炎 160 例,对照组 160 例服用正清风痛宁片,两组均同时辅以牵引治疗。治疗 8 周观察疗效。结果显示:活血通络汤结合牵引可有效治疗强直性脊柱炎,保护脊柱,缓解关节僵直,恢复关节功能,减少患者痛苦,未见不良反应,药效安全稳定[30]。

(2)独活寄生汤加减治疗强直性脊柱炎

在常规西药治疗基础上加用独活寄生汤加减(茯苓,杜仲,牛膝,独活,当归,桑寄生,秦艽,防风,地黄,党参,白芍,川芎,肉桂,炙甘草,细辛)治疗 32 例强直性脊柱炎患者。结果显示:治愈 22 例,显效 8 例,好转 1 例,无效 1 例,总有效率 78.8%。在抗风湿药物基础上加用独活寄生汤加减可有效治疗强直性脊柱炎,缓解腰骶部疼痛,改善脊柱活动功能,起效快,治疗有明显优势[31]。

(3)舒督饮治疗强直性脊柱炎

中药舒督饮(鹿角霜,杜仲,赤芍,白芍,制南星,葛根,川牛膝,续断,土鳖虫,红花,白芥子,川芎,水蛭)治疗强直性脊柱炎 40 例,对照组 40 例服用双氯芬酸钠、柳氮磺吡啶片。2 组疗程均为 6 个月。结果显示:治疗组临床症状、体征及血沉(ESR)、C 反应蛋白(CRP)、免疫球蛋白 A(IgA)、甲襞微循环等指标均有明显改善。舒督饮可有效改善强直性脊柱炎患者临床症状(全身疼痛,脊柱痛等)及体征(枕墙距、指地距等),改善微循环,调节免疫功能,对于强直性脊柱炎疗效确切[32]。

6. 腰痛

(1)独活寄生汤和杜仲酒联合治疗腰痛

独活寄生汤煎剂及杜仲酒内服治疗 84 例腰痛患者。独活寄生汤药(茯苓,杜仲,牛膝,独活,当归,桑寄生,秦艽,防风,地黄,党参,白芍,川芎,肉桂,炙甘草,细辛),每日 3 次,饭后服用。10 剂为一个疗程。杜仲酒(杜仲,石楠叶,羌活,大附子)视患者酒量大小,每次服 20~50 ml,睡前服。结果显示:服药 1~3 个疗程后,治愈 47 例(56%),显效 19 例(22%),有效 13 例(15.5%),总有效率 93.4%。独活寄生汤和杜仲酒联合治疗腰痛疗效确切,有效提高患者生存质量,治法简便,易于接受[33]。

（2）杜仲方治疗腰痛

杜仲方(杜仲,生川乌,川木瓜,川牛膝,川芎,秦艽,防风,全蝎,蜈蚣,狗脊)治疗腰痛30例,可临证加减,10天为一疗程。全部病例服两个疗程后症状消失或减轻。结果显示:30例中痊愈19例(3年内未复发),显效8例(半年内无复发),有效3例(症状减轻)。杜仲方对于腰痛治疗效果确切,疗效满意[34]。

（3）柴杜汤治疗慢性腰肌劳损

柴杜汤(杜仲,川断,柴胡,白术,白芍,茯苓,甘草,熟地,防己,细辛,薄荷,生姜,甘草)治疗120例慢性腰肌劳损患者,每日1剂,10天为一疗程,观察2疗程后停止治疗。6个月后随访。结果显示:治愈36例,占30%;好转83例,占69.2%[35]。

（4）马钱子、杜仲外敷治疗慢性腰肌劳损

采用马钱子、杜仲外敷法治疗180例慢性腰肌劳损。治疗时取马钱子、杜仲等分,研为细末,过100目筛备用,取药末0.5g置于腰部疼痛处,外用伤湿止痛膏覆盖以免药末漏出。每日换药1次,10天为一个疗程。结果显示:全部患者均获满意效果,疼痛症状改善,疼痛可在贴药1天后即有明显减轻[36]。

（5）三圣汤加减配合雷火灸治疗老年顽固性腰背痛

三圣汤(杜仲,白术,山萸肉)辅以雷火灸治疗老年腰背疼痛52例。3周为一个疗程。结果显示:痊愈14例,显效23例,好转10例,无效5例,总有效率90.4%。三圣汤加减可有效缓解疼痛,提高患者生存质量,对老年顽固性腰背痛效果显著,疗效满意[37]。

7. 骨折

（1）杜仲片治疗老年骨质疏松性胸腰椎骨折

杜仲片(杜仲,续断,当归,川芎,桃仁,红花,牡丹皮,延胡索,制乳香,制没药)联合椎体成形术治疗老年骨质疏松性胸腰椎骨折患者30例,对照组30例单纯行椎体成形术。1个月为一个疗程。结果显示:杜仲片可提高老年骨质疏松性胸腰段椎体骨折患者的骨密度、改善功能障碍指数及临床相关疼痛症状,对老年骨质疏松性胸腰段椎体骨折具有良好疗效。杜仲片安全性相对较好,具有较高安全稳定性[38]。

(2) 杜仲健骨颗粒治疗骨质疏松性桡骨远端骨折

60例骨质疏松性桡骨远端骨折患者手法复位石膏固定保守治疗,其中30例使用钙尔奇D作为对照组,治疗组30例在对照组基础上加用复方杜仲健骨颗粒(杜仲,白芍,续断,黄芪,枸杞子,牛膝,三七,鸡血藤,人参,当归,黄柏,威灵仙)。两组均治疗6个月。对两组患者均进行至少6个月的随访。结果显示:在保守治疗基础上加用复方杜仲健骨颗粒可有效提高患者骨密度,加快骨折修复,缓解骨折后疼痛感,改善腕关节功能,提高患者生活质量,治疗效果满意[39]。

8. 类风湿性关节炎

(1) 独活寄生汤治疗类风湿关节炎

独活寄生汤(茯苓,杜仲,牛膝,独活、当归,桑寄生,秦艽,防风,地黄,党参,白芍,川芎,肉桂,炙甘草,细辛)加减治疗68例类风湿关节炎患者。10剂为一疗程,间隔7天可开始第2疗程。患者服药最少10天,最多30天。结果显示:痊愈38例,好转28例,无效2例,总有效率96%。独活寄生汤加减有效缓解类风湿关节炎患者关节肿痛,减少炎症对关节的损害,降低致残率[40]。

(2) 补肾汤治疗类风湿关节炎

在常规服用甲氨蝶呤片、西乐葆胶囊、柳氮磺胺吡啶片等基础上加用补肾汤(秦艽,杜仲,续断,熟地,独活,桑寄生,何首乌,乌药,地龙,僵蚕,肉桂,黄芪)治疗类风湿关节炎40例。观察3个月。与单纯使用西药的对照组比较,治疗组有效率为89.5%,对照组有效率为75%,治疗组有效率优于对照组。治疗组治疗前后关节肿痛指数、平均握力、血沉、C反应蛋白及类风湿因子与对照组比较有明显改善。治疗组不良反应发生率(8%)明显低于对照组(27%)。结果显示:在西药治疗基础上加用补肾汤可明显提高治疗类风湿关节炎疗效,缓解患者疼痛,降低炎症反应,且可减少单用西药给机体带来的不良反应[41]。

9. 坐骨神经痛

(1) 杜仲川归汤治疗坐骨神经痛

杜仲川归汤(杜仲、川芎、当归、桃仁、防己、狗脊、骨碎补、黄芪、桑寄生、甘草)治疗坐骨神经痛 78 例,治疗可临证加减。15 天为一个疗程,可治疗 1～2 个疗程。结果显示:治愈 48 例,显效 20 例,有效 7 例,无效 3 例,有效率为 96.15%。杜仲川归汤治疗坐骨神经痛不仅有效减轻患者沿坐骨神经通路压痛感,还可降低复发率,提高患者生活质量[42]。

(2) 杜仲乌戟汤治疗坐骨神经痛

杜仲乌戟汤(杜仲、乌药、巴戟天、防己、狗脊、甘草)治疗 126 例坐骨神经痛,可随症加减。14 日为一疗程,视病情轻重可服用 1～2 个疗程,对于病重患者,用药待病情稳定后,再用本方制成丸剂或泡酒内服,直至痊愈。结果显示:治愈 62 例,显效 38 例,有效 20 例,无效 6 例,总有效率 94.2%。杜仲乌戟汤可有效缓解下肢放射痛、麻木感等症状,治疗效果满意,愈后不易复发[43]。

10. 足跟痛

(1) 足跟痛方治疗足跟痛

内服足跟痛方(焦杜仲、川牛膝、木瓜、丹参、小茴香、五加皮、当归、地锦草、透骨草)治疗足跟痛 120 例,配合活络洗方外洗治疗,4 剂为一个疗程。结果显示:120 例患者 209 足经过 1 个疗程治疗,其中治愈 159 足,患者治愈率 76.08%;患者好转 39 足;好转率 18.66%,有效率 94.74%。足跟痛方能有效缓解足跟部疼痛,提高患者生活质量[44]。

(2) 立安汤治疗足跟痛

立安汤(牛膝、杜仲、补骨脂、黄柏、威灵仙、独活、熟地、菟丝子、当归、仙灵脾、乳香、白术)治疗 56 例足跟痛症,西药对照组 56 例服用非甾体消炎药(萘普生、戴芬)。治疗 1 个月为一疗程。结果显示:治疗组痊愈、好转率分别为 73.21%, 26.79%,对照组分别为 32.14% 及 48.21%,治疗组优于对照组。立安汤能有效缓解患者足跟部肿胀疼痛,改善足跟部活动度[45]。

(3)跟痛方治疗跟骨高压症

跟痛方(鹿角霜,杜仲,狗脊,生三七粉,丹参,泽兰,姜黄,牛膝,防己)内服治疗跟骨高压症 21 例,外用三生散(生南星、生半夏、生草乌各等量,打粉备用)适量,用醋调敷患足跟。结果显示:治愈 6 例,好转 14 例,无效 1 例。跟痛方可有效缓解患者足跟痛,提高生活质量[46]。

11. 股骨头坏死

补肾健骨颗粒治疗激素性股骨头坏死

142 例激素性股骨头坏死患者随机分为给予介入治疗的对照组 71 例,在股动脉穿刺术后用西药治疗;治疗组 71 例在对照组的基础上于介入术后第 2 天起开始加用杜仲补肾健骨颗粒(杜仲,熟地黄,淫羊藿,骨碎补,黄芪,菟丝子,枸杞子,当归,白芍,山萸肉,丹参,桃仁,红花,牛膝)。两组患者均用药 24 周。结果显示:以杜仲补肾健骨颗粒联合介入治疗激素性股骨头缺血性坏死可有效改善患者血管微循环,增加血流量,减少血栓形成,减少炎症损害,增加骨密度,促进坏死股骨头修复[47]。

(三)妇产科疾病

1. 先兆流产、习惯性流产等

(1)白术杜仲合剂保胎

138 例患者随机分为 3 组,单用白术杜仲合剂(白术,杜仲,莲子,芡实,山药,党参,黄芪,砂仁)治疗的中药组 23 例,单用地屈黄体酮、黄体酮、绒毛膜促性腺激素(HCG)治疗的西药组 26 例,中西药并用组 89 例。根据是否胎停、流产及血清黄体酮(P)值确属黄体功能者,选择肌注黄体酮 20～40 mg,常规补充爱乐维多种维生素。结果显示:三组患者治疗前后总有效率分别为 86.9%、84.6%、94.4%,中西药并用组治愈率显著高于其他两组,经过用药治疗后,血清绒毛膜促性腺激素(β-HCG)、黄体酮(P)均有显著性上升,治疗组黄体酮(P)显著高于对照组。白术杜仲合剂联合西药对既往不孕症患者及怀孕容易出现先兆流产、习惯性流产等病症的患者安胎疗效显著,有效提高治疗质量[48]。

(2) 滋肾育胎汤治疗习惯性流产

以滋肾育胎汤(川断,阿胶,鹿角霜,杜仲,桑寄生,枸杞子,党参,巴戟天,艾叶,砂仁,吉林参,白术,熟地,菟丝子)治疗 145 例习惯性流产患者,可临证加减。自妊娠确诊之日起,连用 3～5 剂,如首诊时已出现腰腹坠胀疼痛或阴道流血者,确诊妊娠后即用上方治疗,直到上症消失后再巩固 1～2 剂,此后至孕 7 月前每月 2 剂,孕 7 月后每月 1 剂,直至分娩为止。结果显示:本组 145 例中,138 例就诊时均经 B 超证实胎心存在,经治疗后产下健康婴儿占 97.83%。一般均于用药 2～3 天内阴道流血停止,最长 4 天,最短 1 天,另 7 例经治疗无效,以流产处理。滋肾育胎汤可补肾益脾,治疗习惯性流产效果确切[49]。

(3) 寿胎丸合举元煎治疗胎漏胎动不安

寿胎丸合举元煎(菟丝子,桑寄生,川断,焦杜仲,太子参,阿胶,黄芪,炒白术,熟地,升麻,苏梗,炙甘草)治疗 60 例胎漏胎动不安患者。每日 1 剂,5 剂为一疗程,一般用 1～3 疗程。结果显示:治愈 51 例,其中 1 个疗程痊愈者 15 例,2 个疗程痊愈者 26 例,3 个疗程痊愈者 8 例,有效 2 例,无效 7 例,总有效率 88.3%。寿胎丸合举元煎有效治疗患者胎漏胎动不安,减少阴道出血等症状,安胎效果良好,且药性平和可久服至症状好转[50]。

(4) 保胎饮治疗先兆流产

保胎饮(菟丝子,川断,桑寄生,杜仲,党参,旱莲草,白芍,焦白术,阿胶,炙甘草)加减治疗先兆流产 36 例。每日 1 剂,5 天为一疗程,一般服用 1～3 个疗程。结果显示:治愈 26 例,好转 8 例,未愈 2 例,总有效率为 94.4%,对 34 例患者随访,均足月分娩。保胎饮加减可有效治疗先兆流产,保胎、安胎效果好,药性平和,较黄体酮等安胎有明显优势[51]。

(5) 寄生安胎饮治疗习惯性流产

寄生安胎饮(桑寄生,炒杜仲,生黄芪,菟丝子,覆盆子,阿胶,山茱萸,砂仁,生白术,黄芩,炒白芍,白及,茜草)治疗习惯性流产 52 例。5 天为一疗程,最多服药 4 疗程。结果显示:52 例患者中服药最少 7 剂,最多 20 剂足月顺产,婴儿健康者 50 例,治疗无效者 2 例,有效率 96.3%。寄生安胎饮可有效治疗习惯性流产,有效改善患者腰痛、小腹坠痛等症状,药性平和,安全可靠[52]。

(6) 固胎饮治疗先兆流产及习惯性流产

固胎饮(菟丝子,续断,杜仲,黄芪,党参,巴戟,阿胶,白芍,大枣,砂仁,炙甘草)治疗 96 例先兆流产及习惯性流产患者。先兆流产者,服至血止胎安,再继续服 10 天;习惯性流产者,一旦妊娠停经 32～33 天,确诊妊娠后立即服药,服药时间要超过既往流产月份 3 周。辅以维生素 K_1、维生素 E。结果 96 例患者中,痊愈 80 例,好转 10 例,无效 6 例,总有效率 93.75%。表明固胎饮配合西药治疗对先兆流产及习惯性流产患者阴道出血症状有效,可降低流产率,安胎效果显著[53]。

(7) 中药调免 1 号治疗抗生殖抗体所致反复自然流产

口服调免 1 号(杜仲,女贞子,生地黄,知母,丹参各,黄柏,桃仁,甘草)治疗抗生殖抗体所致反复自然流产(RSA)患者 47 例,对照组 46 例口服泼尼松。每周服药 5 天,2 组均以治疗 30 天为一疗程,抗体未转阴者可连续治疗 2～3 疗程,抗体转阴后安排妊娠,1 年内进行妊娠率追踪统计。结果显示:治疗组抗生殖抗体转阴率为 95.7%,1 年内妊娠率 46.8%;对照组抗生殖抗体转阴率为 50%,1 年内妊娠率为 23.9%。调免 1 号治疗抗生殖抗体阳性优于泼尼松,保胎效果好,药性平和无明显不良反应[54]。

2. 月经不调

(1) 归肾丸治疗月经过少

归肾丸(菟丝子,杜仲,枸杞子,山茱萸)加减治疗 36 例月经过少患者。经前 1 周服用上方,经净停服,3 个月经周期后判定疗效。结果显示:36 例中,痊愈 10 例,好转 22 例,无效 4 例,总有效率 88.9%。归肾丸加减可有效改善患者卵巢血流量,促进黄体发育,对于月经过少有较好疗效[55]。

(2) 右归丸治疗月经过少

右归丸(熟地,山萸肉,山药,杜仲,鹿角片,枸杞子,当归,菟丝子,附子,肉桂)加减治疗 56 例月经过少患者,治疗可临证加减。结果显示:56 例中临床治愈 45 例,占 80.35%,显效 6 例,有效 4 例,无效 1 例,总有效率 98.2%。右归丸加减可增加卵巢血流量,改善血液循环,对于月经过少疗效确切[56]。

（3）归肾丸治疗人流术后月经减少

归肾丸（熟地黄,杜仲,菟丝子,山药,茯苓,枸杞子,鸡血藤,当归,川牛膝,川芎,生甘草）治疗人流术后月经减少症状患者 30 例,对照组 30 例口服戊酸雌二醇及醋酸甲羟孕酮片。连续治疗 7 天为一疗程,连续治疗 3 疗程（21 天）后判定疗效。结果显示:治疗组月经积分、子宫内膜厚度改善优于对照组。表明归肾丸治疗人工流产术后月经减少效果显著,可恢复人工流产前月经量,规律月经周期,且治疗中无不良反应,疗效安全[57]。

（4）益肾止崩汤治疗崩漏

益肾止崩汤（杜仲炭,川续断,盐橘核,台乌药,大蓟,小蓟,仙鹤草,血余炭,地榆炭,阿胶珠,杭白芍）治疗崩漏 50 例。12 天为一疗程,观察 1～3 个疗程。治疗可临证加减,平时服用调经方。结果显示:治愈 41 例,占 82%;好转 7 例,占 14%;无效 2 例,占 4%,总有效率为 96%。以益肾止崩汤治疗崩漏能有效控制阴道出血,恢复正常月经周期,缓解患者腰腹痛[58]。

3. 陈皮杜仲治疗卵巢过度刺激综合征

陈皮杜仲水（陈皮,杜仲）治疗经 IVF 或 ICSI 治疗后的高危卵巢过度刺激综合征（ovarian hyperstimulation syndrome, OHSS）患者 48 例,同时给予营养宣教。结果显示:应用陈皮杜仲水能够有效降低高危 OHSS 患者中重度 OHSS 的发生率,且药性平和,有效适用于 OHSS 高危人群鲜胚周期移植患者,治疗简便成本低廉,疗效满意[59]。

4. 不孕症

（1）补肾助孕汤治疗不孕症

温阳补肾助孕汤（黄芪,狗脊,炒杜仲,巴戟天,山萸肉,炒白术,淫羊藿,郁金,小茴香,艾叶,川芎,肉桂,砂仁）治疗 30 例不孕症患者。治疗可临证加减,每月月经干净后连服 6～10 剂,连调 3～6 个月经周期。结果显示:用药调治 1 个月后怀孕者 3 例,3 个月者 13 例,6 个月者 6 例,7～12 个月者

4 例,余 4 例 6 个月后症状减轻,2 年后怀孕。30 例经治疗后均获临床治愈。温阳补肾助孕汤可改善患者腰膝酸软、四肢不温的症状,恢复患者正常月经周期,显著提高患者受孕率[60]。

（2）暖宫孕子丸治疗无排卵性不孕

暖宫孕子丸（熟地黄,杜仲,川续断,香附,当归,川芎,阿胶,白芍）治疗 35 例无排卵性不孕患者。于月经周期的第 10 天开始 B 超监测卵泡发育,并辅以心理指导。结果显示：35 例患者痊愈 23 例,显效 6 例,有效 2 例,有效率为 88.5%。暖宫孕子丸有效促进患者排卵,对于无排卵性不孕症疗效确切,治法简便,且无不良反应,药效安全[61]。

（四）肾病

1. 糖肾宁胶囊联合培哚普利治疗早期糖尿病肾病

糖肾宁胶囊（黄芪,杜仲,山茱萸,葛根,丹参,白花蛇舌草,蝉蜕,僵蚕,牛蒡子,制大黄,姜黄）联合培哚普利治疗早期糖尿病肾病 30 例,对照组 25 例只口服培哚普利。两组均给予糖尿病健康宣教、饮食控制并加以运动疗法,常规给予降压、降糖、降脂等基础治疗。治疗 24 周后判定疗效。结果显示：治疗组显效 14 例,有效 10 例,无效 6 例,有效率为 86.7%;对照组显效 4 例,有效 12 例,无效 9 例,有效率为 64%。糖肾宁胶囊联合培哚普利可有效降低蛋白尿、血肌酐水平,改善糖尿病肾病临床相关症状,保护肾脏[62]。

2. 益骨散治疗慢性肾功能不全失代偿期合并肾性骨病

益骨散（杜仲,补骨脂,续断,当归,酒大黄,牛膝,菟丝子,丹参）联合骨化三醇胶丸、牡蛎碳酸钙咀嚼片治疗慢性肾功能不全失代偿期合并肾性骨病 20 例,对照组 20 例仅口服骨化三醇胶丸、牡蛎碳酸钙咀嚼片。两组均予以低磷饮食,60 天后判定疗效。结果显示益骨散配合常规西药治疗可明显改善慢性肾功能不全失代偿期合并肾性骨病钙磷代谢,减轻甲状旁腺功能亢进,改善患者临床症状体征[63]。

3. 补肾降白汤治疗肾虚慢性肾炎蛋白尿

90 例慢性肾炎患者随机分为两组,对照组 45 例应用常规治疗,肾病饮食、控制血压保持在 $80\sim85/120\sim135$ mmHg 之间,同时口服泼尼松、缬沙坦。治疗组 45 例加服中药补肾降白汤补肾降白汤(山茱萸,杜仲,黄芪,党参,山药,丹参,茯苓,补骨脂,蝉蜕),连续治疗 1 个月为一疗程。结果显示补肾降白汤联合西药可有效降低慢性肾炎患者蛋白尿水平,保护肾功能,无不良反应,疗效安全满意[64]。

(五) 神经、精神类疾病

1. 强力天麻杜仲胶囊治疗糖尿病周围神经病变

强力天麻杜仲胶囊(天麻,杜仲,制草乌,制附子,独活,藁本,玄参,当归,地黄,川牛膝,槲寄生,羌活)联合甲钴胺治疗糖尿病合并周围神经病变 35 例。用药 8 周后判定临床疗效。结果显示强力天麻杜仲胶囊联合甲钴胺可有效减轻机体炎症反应,缓解神经病变疼痛,促进神经修复,调节糖尿病患者代谢紊乱,减少糖尿病及其并发症风险。对于糖尿病周围神经病变疗效显著[65]。

2. 补肾活血汤治疗帕金森病

补肾活血汤(熟地黄,杜仲,何首乌,白芍,钩藤,珍珠母,丹参,石菖蒲,全蝎)联合美多芭(多巴丝肼片)治疗帕金森病 35 例,对照组 35 例单用美多芭治疗。两组均连续治疗 3 个月。结果显示在西药治疗基础上加用中医补肾活血汤可有效改善帕金森病患者临床症状,总有效率较单用西药治疗显著提高,且可以减少美多芭常见的不良反应[66]。

3. 舒筋活络醒脑颗粒治疗痉挛型脑性瘫痪

128 例痉挛型脑瘫患儿随机分为两组,对照组 64 例接受常规康复训练,治疗组 64 例在对照组基础上加服舒筋活络醒脑颗粒(石菖蒲,杜仲,葛根,当归,炒赤芍,枸杞子,宣木瓜)。两组治疗均持续 3 个月。结果显示:两组患儿步行足长、步速较治疗前增大,步宽较治疗前减小,进行组间比较治疗组明显优于对照组。表明舒筋活络醒脑类中药配合常规康复训练可有效改善痉挛型脑瘫患儿的步态及肢体功能活动,使患儿更好地达到功能独立[67]。

(六) 慢性粒细胞性白血病

1. 地黄杜仲汤治疗慢性粒细胞性白血病

地黄杜仲汤(生地,熟地,杜仲,枸杞子,五味子,怀山药,西洋参,茯苓,蒲公英,紫花地丁,半枝莲,白花蛇舌草,青黛,当归,女贞子,甘草)治疗 80 例慢性粒细胞性白血病患者。1 个月为一个疗程。患者治疗时间最短为 3 个疗程,最长为 10 个疗程。结果显示:完全缓解 40 例,部分缓解 29 例,无效 7 例,总有效率 91.25%。随访完全缓解患者停药一年后未再复发,随访部分缓解患者中一年内症状无明显变化。以中药地黄杜仲汤治疗慢性粒细胞性白血病疗效确切,不仅有效缓解脾大,降低白细胞,且不易复发[68]。

2. 地黄杜仲汤联合西药治疗慢性粒细胞性白血病

60 例慢性粒细胞性白血病患者随机分为给予 α 干扰素与甲磺酸伊马替尼的对照组 30 例,治疗组 30 例在对照组基础上加用自制杜仲汤(白花蛇舌草,怀山药,杜仲,熟地,生地,蒲公英,西洋参,茯苓,枸杞子,半枝莲,女贞子,紫花地丁,当归,青黛,甘草)。连续治疗 30 天为一疗程。结果显示:治疗组完全缓解 19 例,缓解 7 例,无效 4 例,总有效率 86.67%;对照组完全缓解 14 例,缓解 6 例,无效 10 例,总有效率 66.67%,治疗组疗效优于对照组。在常规西药治疗的基础上加用地黄杜仲汤可有效治疗慢性粒细胞性白血病,改善全身症状,显著降低白细胞数量,无不良反应,安全稳定性好[69]。

(七) 其他

1. 补肾活血汤联合唑来膦酸治疗乳腺癌骨转移

补肾活血汤(熟地黄,杜仲,枸杞子,补骨脂,菟丝子,当归尾,没药,山茱萸,红花,独活,淡苁蓉)联合唑来膦酸治疗乳腺癌骨转移患者 23 例,对照组 23 例仅静脉注射唑来膦酸。1 个月为一疗程,共治疗 4 个疗程。结果显示补肾活血汤联合唑来膦酸对于乳腺癌骨转移疗效确切。可加快骨质修复,有效缓解患者疼痛,治疗无明显不良反应,疗效安全[70]。

2. 针药并用治疗慢性非细菌性前列腺炎

以温针灸配合补肾益气中药方(连翘,杜仲,土茯苓,黄芪,蒲公英,乌药,牡丹皮,延胡索,猪苓,车前子,萆薢,甘草),西药给予盐酸坦洛新缓释胶囊,治疗58例慢性非细菌性前列腺炎患者。结果显示:治愈30例,好转25例,无效3例,有效率95%。针药并用治疗慢性非细菌性前列腺炎疗效确切,有效改善患者排尿异常,缓解前列腺压痛感,提高生活质量[71]。

3. 补肾疏肝交泰汤治疗迟发性睾丸功能减退

补肾疏肝交泰汤(菟丝子,杜仲,巴戟天,仙茅,淫羊藿,柴胡,白术,白芍,当归,黄柏,知母,甘草)联合十一酸睾酮胶丸治疗迟发性睾丸功能减退患者36例,对照组36例仅服用十一酸睾酮胶丸。两组均治疗3个月为一个疗程。结果显示加用补肾疏肝交泰汤对于迟发性睾丸功能减退效果显著,较之单用十一酸睾酮胶丸无PSA升高和前列腺增大的风险[72]。

4. 升阳益肾汤治疗小儿哮喘(肾阳虚型)合并过敏性鼻炎

升阳益肾方(杜仲,补骨脂,白术,紫苏子,肉豆蔻,五味子,升麻,白芷,苍耳子,石菖蒲,桃仁,桔梗)治疗哮喘(肾阳虚型)合并过敏性鼻炎患儿30例,对照组30例以辅舒良喷鼻治疗,两组均按照GINA方案进行基础治疗,疗程均为4周。结果显示GINA方案进行基础治疗加升阳益肾汤治疗小儿哮喘(肾阳虚型)合并过敏性鼻炎效果显著,有效改善患儿的鼻炎及呼吸道症状,改善肺功能,减少鼻炎发作天数,且治疗无不良反应,疗效安全[73]。

二、 杜仲为主药的临床处方分析

检索维普、万方、中国知网中收载的含有中药"杜仲"的方剂,起止时间为2000年1月至2020年1月。纳入标准:①均为临床研究,有具体病例数;②治疗方剂中杜仲起主要作用,药味数≤15味。共得到符合要求的处方188首。

(一) 杜仲为主药的临床处方所治疾病分析

通过"频次统计",所治疾病主要为:骨关节病、妇产科疾病、心脑血管疾病、肾病、神经科疾病等(见表4-1)。与杜仲的补肝肾、强筋骨、安胎作用相吻合。

表 4-1　杜仲为主药的临床处方所治疾病分析

序号	疾病	频次（占比，%）	序号	疾病	频次（占比，%）
1	骨关节病	100(53.19)	7	男性科疾病	2(1.06)
2	妇产科疾病	30(15.96)	8	精神科疾病	2(1.06)
3	心脑血管疾病	29(15.43)	9	消化系统疾病	2(1.06)
4	肾病	8(4.26)	10	血液病	2(1.06)
5	神经系统疾病	9(4.78)	11	肿瘤	1(0.53)
6	呼吸系统疾病	3(1.59)			

（二）杜仲为主药的临床处方用药分析

1. 用药频次分析

188 首处方中除杜仲外共有 215 味药物，按照使用频次进行分析，涉及药物总频次为 1 972 次，平均每味中药使用 9.17 次。使用频次最高的前五味中药分别为：当归（99 次，5.02%），甘草（62 次，3.14%），熟地黄（60 次，3.04%），桑寄生（57 次，2.89%），牛膝（54 次，2.74%），累计频次占总频次的 16.84%，与杜仲配伍且出现频次≥30 的药味分布如下（见表 4-2）。

表 4-2　杜仲为主药的临床处方用药频次分析

序号	药物	频次（占比，%）	序号	药物	频次（占比，%）
1	当归	99(5.02)	11	川牛膝	39(1.98)
2	甘草	62(3.14)	12	丹参	37(1.88)
3	熟地黄	60(3.04)	13	狗脊	35(1.77)
4	桑寄生	57(2.89)	14	菟丝子	35(1.77)
5	牛膝	54(2.74)	15	枸杞子	34(1.72)
6	续断	53(2.69)	16	山茱萸	34(1.72)
7	白芍	53(2.69)	17	地黄	33(1.72)
8	川芎	52(2.64)	18	茯苓	32(1.62)
9	黄芪	48(2.43)	19	白术	30(1.52)
10	独活	47(2.38)	20	红花	30(1.52)

2. 处方中药物功效分类

按照《中药学》功效分类将 215 味药物进行分类（见表 4-3），发现与杜仲配伍频数最高的为补虚药（667 次，33.84%），活血化瘀药（403 次，

20.45%），祛风湿药（301 次,15.27%），清热药（129 次,6.54%），解表药（112 次,5.68%）。结合具体药物频次可以发现，与杜仲配伍的药物中补虚药最多，其次是活血化瘀化和祛风湿药。杜仲所治疗病症多发病时间长，以虚证为多，所治疗疾病中骨关节病、妇产科疾病、心脑血管疾病较多，因此杜仲也多与活血化瘀药和祛风湿药相配伍。

表 4-3　杜仲为主药的临床处方功效分类

序号	药物种类	频次(占比,%)	序号	药物种类	频次(占比,%)
1	补虚药	667(33.84)	11	行气药	36(1.83)
2	活血化瘀药	403(20.45)	12	化湿药	14(0.71)
3	祛风湿药	301(15.27)	13	安神药	12(0.61)
4	清热药	129(6.54)	14	开窍药	8(0.41)
5	解表药	112(5.68)	15	化痰药	7(0.36)
6	平肝息风药	90(4.57)	16	泻下药	5(0.25)
7	利水渗湿药	50(2.54)	17	止咳平喘药	5(0.25)
8	收涩药	49(2.49)	18	驱虫药	1(0.05)
9	温里药	42(2.13)	19	消食药	1(0.05)
10	止血药	39(1.98)			

3. 杜仲为主药的临床处方中药物药性分析

（1）四气分析

将微温、温、热、大热性药物归为温热一类，则温热药物所占比例高达53.53%（见表 4-4），与古方中基本类似。

表 4-4　杜仲为主药的临床处方中药物四气分析

序号	四气	频次(占比,%)	序号	四气	频次(占比,%)
1	温	641(33.25)	5	寒	155(8.04)
2	平	520(26.97)	6	凉	40(2.07)
3	微温	320(16.60)	7	大热	37(1.92)
4	微寒	181(9.39)	8	热	34(1.76)

（2）五味分析

以杜仲为主药的 188 味处方中甘味出现的频次最多，其次是苦味和辛味(见表4-5)。古方含杜仲的处方中药物五味频次最多的依次为甘、辛、苦。二者基本类似。

表4-5　杜仲为主药的临床处方中药物五味分析

序号	五味	频次(占比,%)	序号	五味	频次(占比,%)
1	甘	1 129(33.33)	5	酸	115(3.39)
2	苦	956(28.22)	6	涩	62(1.83)
3	辛	952(28.10)	7	淡	49(1.45)
4	咸	125(3.69)			

（3）归经分析

将188首与杜仲组成配方的方剂药物依据《中药学》进行归经分析(见表4-6)。归经主要以肝经为主,占28.3%,其次为肾经、脾经,分别占19.75%和15.7%。古方含杜仲的处方中药物归经频次最多的依次为肾、肝、脾,二者基本类似。

表4-6　杜仲为主药的临床处方处方中药物归经分析

序号	药物归经	频次(占比,%)	序号	药物归经	频次(占比,%)
1	肝经	1 379(28.30%)	7	膀胱经	191(3.92)
2	肾经	962(19.75)	8	胆经	120(2.46)
3	脾经	765(15.70)	9	大肠经	89(1.83)
4	心经	575(11.80)	10	心包经	70(1.44)
5	肺经	386(7.92)	11	三焦经	21(0.43)
6	胃经	295(6.06)	12	小肠经	19(0.39)

第二节　含杜仲的中成药及处方分析

一、含杜仲的中成药举例

(一) 全杜仲胶囊(《卫生部药品标准中药成方制剂》)

【处方】本品为杜仲经加工制成的胶囊剂。

【功能与主治】降血压,补肝肾,强筋骨。用于高血压病,肾虚腰痛,腰膝无力。

【用法与用量】口服。一次 4～6 粒,一日 2 次。

(二) 杜仲平压片(《卫生部药品标准中药成方制剂》)

【处方】本品为杜仲叶经提取加工制成的片剂。

【功能与主治】补肝肾,强筋骨。用于肝肾不足所致的头晕目眩,腰膝酸痛,筋骨痿软,高血压见上述证候者。

【用法与用量】口服,一次 2 片,一日 2～3 次。

(三) 复方杜仲片(杜仲降压片)(《卫生部药品标准中药成方制剂》)

【处方】复方杜仲流浸膏(按干膏汁)150 g,钩藤 150 g。

【功能与主治】补肾,平肝,清热。用于肾虚肝旺之高血压病。

【用法与用量】口服,一次 5 片,每日 3 次。

(四) 杜仲降压片(《中国药典》)

【处方】杜仲(炒)469 g,益母草 469 g,夏枯草 281 g,黄芩 281 g,钩藤 131 g。

【功能与主治】补肾,平肝,清热。用于肾虚肝旺之高血压病。

【用法与用量】口服,一次 5 片,一日 3 次。

(五) 杜仲冲剂(《卫生部药品标准中药成方制剂》)

【处方】杜仲 250 g,杜仲叶 1 250 g。

【功能与主治】补肝肾,强筋骨,安胎,降血压。用于肾虚腰痛,腰膝无力,胎动不安,先兆流产,高血压病。

【用法与用量】开水冲服,一次 1 袋,一日 2 次。

(六) 杜仲双降袋泡剂(《卫生部药品标准中药成方制剂》)

【处方】杜仲叶 700 g,苦丁茶 300 g。

【功能与主治】降压,降脂。用于高血压病及高脂血症等。

【用法与用量】开水泡服,一次 1 袋,一日 2～3 次。

(七) 健腰丸(《中国药典》)

【处方】杜仲(盐炒)480 g,补骨脂(盐炒)240 g,核桃仁(炒)150 g,大蒜

120 g。

【功能与主治】补益肝肾,强健筋骨,祛风除湿,活络止痛。用于腰膝酸痛。

【用法与用量】口服,一次 5 g,每日 3 次。

【注意】孕妇禁用。

(八) 青娥丸(《中国药典》)

【处方】盐杜仲 480 g,盐补骨脂 240 g,核桃仁(炒)150 g,大蒜 120 g。

【功能与主治】补肾强腰。用于肾虚腰痛,起坐不利,膝软乏力。

【用法与用量】口服。水蜜丸一次 6~9 g,大蜜丸一次 1 丸,一日 2~3 次。

(九) 加味青娥丸(《卫生部药品标准中药成方制剂》)

【处方】补骨脂(盐炒)600 g,核桃仁 399 g,巴戟天(制)300 g,肉苁蓉(酒炙)300 g,杜仲(炭)600 g,乳香(醋炙)90 g,没药(醋炙)90 g。

【功能与主治】补肾,散寒,止痛。用于肾经虚寒引起的腰腿酸痛,小便频数,小腹冷痛。

【用法与用量】口服。一次 1 丸,一日 2 次。

【注意】孕妇忌服。

(十) 复方杜仲健骨颗粒(《新药转正标准》)

【处方】杜仲,白芍,续断,黄芪,枸杞子,牛膝,三七,鸡血藤,人参,当归,黄柏,威灵仙。

【功能与主治】滋补肝肾、养血荣筋、通络止痛。用于膝关节骨性关节炎所致的肿胀、疼痛、功能障碍等。

【用法与用量】开水冲服。一次 12 g,每日 3 次。一个月为一疗程,或遵医嘱。

【注意】偶见服药后消化道反应,一般不影响继续治疗。孕妇忌服。

(十一) 强力天麻杜仲胶囊(《卫生部药品标准中药成方制剂》)

【处方】天麻,杜仲(盐制),制草乌,附子(制),独活,藁本,玄参,当归,地黄,川牛膝,槲寄生,羌活。

【功能与主治】散风活血,舒筋止痛。用于中风引起的筋脉挛痛,肢体麻木,行走不便,腰腿酸痛,头痛头昏等。

【用法与用量】口服。一次2~3粒,一日2次。

【注意】孕妇慎用。

(十二)强力定眩片(《卫生部药品标准中药成方制剂》)

【处方】天麻,杜仲,野菊花,杜仲叶,川芎。

【功能与主治】降压、降脂、定眩。用于高血压、动脉硬化、高脂血症以及上述诸病引起的头痛、头晕、目眩、耳鸣、失眠等症。

【用法与用量】口服。一次4~6片,每日3次。

(十三)强腰壮骨膏(《国家中成药标准汇编骨伤科分册》)

【处方】杜仲500 g,续断250 g,葫芦巴100 g,木瓜250 g,牛膝150 g,三七100 g,桂枝100 g,松节250 g。

【功能与主治】补肾强腰,温经通络。用于肾虚腰痛,腰肌劳损以及陈旧性软组织损伤。

【用法与用量】贴患处,一次1片,隔日1次。

【注意】孕妇禁用。

(十四)归肾丸(《卫生部药品标准中药成方制剂》)

【处方】熟地黄240 g,枸杞子120 g,山茱萸120 g,菟丝子120 g,茯苓120 g,当归120 g,山药(炒)120 g,杜仲(盐炒)120 g。

【功能与主治】滋阴养血,填精益髓。用于肾水不足,腰酸脚软,血虚,头晕耳鸣。

【用法与用量】口服,一次9克,一日2~3次。

(十五)杜蛭丸(《新药转正标准》)

【处方】杜仲(盐炙),当归,地黄,巴戟天,水蛭(烫),白薇,淫羊藿,赤芍,石菖蒲,黄芪,益母草,伸筋草。

【功能与主治】补肾益气活血。用于气虚血瘀型缺血性中风病中经络恢复期,症见半身不遂,偏身麻木,口舌歪斜,语言塞涩等。

【用法与用量】口服,一次 5 g(25 粒),一日 2 次。4 周为一个疗程。

【注意】少数患者服药后可出现轻度恶心、胃胀。孕妇禁用,产妇慎用。

(十六)河车大造丸(《中国药典》)

【处方】紫河车 100 g,天冬 100 g,盐杜仲 150 g,盐黄柏 150 g,熟地黄 200 g,麦冬 100 g,牛膝(盐炒)100 g,醋龟甲 200 g。

【功能与主治】滋阴清热,补肾益肺。用于肺肾两亏,虚劳咳嗽,骨蒸潮热,盗汗遗精,腰膝酸软。

【用法与用量】口服。一次 1 丸,一日 2 次。

(十七)天麻丸(《中国药典》)

【处方】天麻 60 g,独活 50 g,牛膝 60 g,附子(黑顺片)10 g,地黄 160 g,羌活 100 g,盐杜仲 70 g,粉萆薢 60 g,当归 100 g,玄参 60 g。

【功能与主治】祛风除湿,通络止痛,补益肝肾。用于风湿瘀阻、肝肾不足所致的痹病,症见肢体拘挛、手足麻木、腰腿酸痛。

【用法与用量】口服。水蜜丸一次 6 g,小蜜丸一次 9 g,大蜜丸一次 1 丸,一日 2～3 次。

【注意】孕妇慎用。

(十八)天麻钩藤颗粒(《中国药典》)

【处方】天麻,钩藤,石决明,栀子,黄芩,牛膝,盐杜仲,益母草,桑寄生,首乌藤,茯苓。

【功能与主治】平肝息风,清热安神。用于肝阳上亢所引起的头痛、眩晕、耳鸣、眼花、震颤、失眠,及高血压见上述证候者。

【用法与用量】开水冲服。一次 1 袋,每日 3 次,或遵医嘱。

(十九)天麻祛风补片(《中国药典》)

【处方】地黄 160 g,当归 160 g,羌活 80 g,独活 50 g,附片(黑顺片)(砂炒)60 g,肉桂 60 g,天麻(姜汁制)60 g,盐杜仲 70 g,酒川牛膝 60 g,玄参 60 g,茯苓 60 g。

【功能与主治】温肾养肝,祛风止痛。用于肝肾亏损、风湿入络所致的痹病,症见头晕耳鸣、关节疼痛、腰膝酸软、畏寒肢冷、手足麻木。

【用法与用量】口服。一次 6 片,每日 3 次。

【注意】忌食生冷油腻食物;孕妇及感冒发热期间禁用。

(二十) 天智颗粒(《中国药典》)

【处方】天麻 533 g,钩藤 533 g,石决明 533 g,杜仲 533 g,桑寄生 533 g,茯神 267 g,首乌藤 533 g,槐花 267 g,栀子 267 g,黄芩 267 g,川牛膝 400 g,益母草 533 g。

【功能与主治】平肝潜阳,补益肝肾,益智安神。用于肝阳上亢的中风引起的头晕目眩、头痛失眠、烦躁易怒、口苦咽干、腰膝酸软、智能减退、思维迟缓、定向性差;轻中度血管性痴呆属上述证候者。

【用法与用量】口服。一次 1 袋,每日 3 次。

【注意】(1)低血压患者忌服。(2)孕妇忌服。(3)个别患者可出现腹泻、腹痛、恶心、心慌等症状。

(二十一) 右归丸(《中国药典》)

【处方】熟地黄 240 g,炮附片 60 g,肉桂 60 g,山药 120 g,酒萸肉 90 g,菟丝子 120 g,鹿角胶 120 g,枸杞子 120 g,当归 90 g,盐杜仲 120 g。

【功能与主治】温补肾阳,填精止遗。用于肾阳不足,命门火衰,腰膝酸冷,精神不振,怯寒畏冷,阳痿遗精,大便溏薄,尿频而清。

【用法与用量】口服。小蜜丸一次 9 g,大蜜丸一次 1 丸,每日 3 次。

(二十二) 当归养血丸(《中国药典》)

【处方】当归 150 g,白芍(炒)150 g,地黄 400 g,炙黄芪 150 g,阿胶 150 g,牡丹皮 100 g,香附(制)150 g,茯苓 150 g,杜仲(炒)200 g,白术(炒)200 g。

【功能与主治】益气养血调经。用于气血两虚所致的月经不调,症见月经提前、经血量少或量多、经期延长、肢体乏力。

【用法与用量】口服。一次 9 g,一日 3 次。

(二十三) 妇宝颗粒(《中国药典》)

【处方】地黄,忍冬藤,盐续断,杜仲叶(盐炙),麦冬,炒川楝子,酒白芍,醋延胡索,甘草,侧柏叶(炒),莲房炭,大血藤。

【功能与主治】益肾和血,理气止痛。用于肾虚夹瘀所致的腰酸腿软、小腹胀痛、白带、经漏;慢性盆腔炎、附件炎见上述证候者。

【用法与用量】开水冲服。一次 2 袋,一日 2 次。

(二十四)伸筋活络丸(《中国药典》)

【处方】制马钱子 72.5 g,制草乌 10 g,当归 12.5 g,杜仲(炒炭)7.5 g,木香 7.5 g,珍珠透骨草 5 g,制川乌 10 g,木瓜 10 g,川牛膝 10 g,续断 7.5 g,全蝎 5 g。

【功能与主治】舒筋活络,祛风除湿,温经止痛。用于风寒湿邪、闭阻脉络所致的痹病,症见肢体关节冷痛、屈伸不利、手足麻木、半身不遂。

【用法与用量】口服。成年男子一次 2~3 g,女子一次 1~2 g;一日 1 次,晚饭后服用,服药后应卧床休息 6~8 小时。年老体弱者酌减,小儿慎用或遵医嘱。

【注意】孕妇、儿童、高血压、肝肾不全者禁用;不可过量、久服,忌食生冷及荞麦。

(二十五)肾炎康复片(《中国药典》)

【处方】西洋参,人参,地黄,盐杜仲,山药,白花蛇舌草,黑豆,土茯苓,益母草,丹参,泽泻,白茅根,桔梗。

【功能与主治】益气养阴,健脾补肾,清解余毒。用于气阴两虚,脾肾不足,水湿内停所致的水肿,症见神疲乏力,腰膝酸软,面目、四肢浮肿,头晕耳鸣;慢性肾炎、蛋白尿、血尿见上述证候者。

【用法与用置】口服。一次 8 片〔规格(1)〕或一次 5 片〔规格(2)〕,每日 3 次。小儿酌减或遵医嘱。

【注意】孕妇禁服;急性肾炎水肿不宜。

(二十六)恒古骨伤愈合剂(《中国药典》)

【处方】陈皮 10 g,红花 15 g,三七 30 g,杜仲 30 g,人参 20 g,黄芪 40 g,洋金花 6 g,钻地风 10 g,鳖甲 10 g。

【功能与主治】活血益气、补肝肾、接骨续筋、消肿止痛、促进骨折愈合。用于新鲜骨折及陈旧性骨折、股骨头坏死、骨关节病、腰椎间盘突出症。

【用法与用量】口服。成人一次 25 ml,6～12 岁一次 12.5 ml,每 2 日服用 1 次。饭后一小时服用,12 天为一个疗程。

【注意】(1)骨折患者需固定复位后再用药。(2)心、肺、肾功能不全者慎用。(3)精神病史者、青光眼、孕妇忌用。(4)少数患者服药后出现口干、轻微头晕,可自行缓解。

(二十七) 寄生追风酒(《中国药典》)

【处方】独活、白芍、槲寄生、熟地黄、杜仲(炒)、牛膝、秦艽、防风、桂枝、党参、细辛、当归、甘草、茯苓、川芎。

【功能与主治】补肝肾,祛风湿,止痹痛。用于肝肾两亏,风寒湿痹,腰膝冷痛,屈伸不利;风湿性关节炎、腰肌劳损、跌打损伤后期见上述证候者。

【用法与用量】口服。一次 20～30 ml,一日 2～3 次。

【注意】湿热痹阻、关节红肿热痛者不宜。

(二十八) 腰痛丸(《中国药典》)

【处方】杜仲叶(盐炒)100 g,盐补骨脂 75 g,狗脊(制)75 g,续断 75 g,当归 100 g,赤芍 40 g,炒白术 75 g,牛膝 75 g,泽泻 50 g,肉桂 25 g,乳香(制)25 g,土鳖虫(酒炒)40 g。

【功能与主治】补肾活血,强筋止痛。用于肾阳不足、瘀血阻络所致的腰痛及腰肌劳损。

【用法与用量】盐水送服。一次 9 g,一日 2 次。

【注意】孕妇禁用,阴虚火旺及实热者慎用。

二、 含杜仲的成方制剂处方分析

(一) 含杜仲的成方制剂主治病证分析

从各版《中国药典》《卫生部药品标准》《国家中成药标准汇编》等检索含

杜仲的中成药处方,除去同名剂型不同者,共得到处方155个。通过频次统计,主治疾病中频率较高(频率≥5)的有17种疾病(见表4-7),其主治疾病主要涉及痹证、脑系疾病、妇产科疾病、诸虚损类疾病,恰与《神农本草经》中"主治腰脊痛,补中,益精气,坚筋骨,强志,除阴下痒湿,小便余沥"相吻合。

表4-7　含杜仲的成方制剂主治病证频次表

病名	频次	病名	频次
腰痛	91	尿频	13
痹证	39	健忘	12
月经不调	30	崩漏	11
头晕	24	跌打损伤	9
阳痿	21	流产	8
带下	19	高血压	8
耳鸣	17	头痛	7
失眠	15	中风	5
遗精	15		

(二) 含杜仲的成方制剂主治证型分析

含杜仲成方制剂所治疗疾病证型主要涉及8种(见表4-8)。以虚证为多,共有99次,其中与肾虚有关的证型又占绝大部分,约为64%,其他虚证类型主要是气血亏虚。实证主要是风湿痹阻和气滞血瘀,但大部分也是虚实夹杂为主,这与杜仲的主要功效补肝肾、强筋骨相吻合。

表4-8　含杜仲的成方制剂主治证型频次

证型	频次	证型	频次
肾虚型	37	脾肾两虚型	6
气血虚弱型	31	精血不足型	5
风湿痹阻型	22	气滞血瘀型	4
肝肾亏虚型	20	肝阳上亢型	2

（三）含杜仲的成方制剂用药频次分析

在 155 首方剂中，与杜仲同时使用较多（频率≥20）的有 35 味药物（见表 4-9）。35 味药物中，绝大部分来源于补虚药，其他依次为活血化瘀药、温里药、理气药、收涩药、解表药、祛风湿药、利水渗湿药（见表 4-10）。结合含杜仲的成方制剂主治病证与证型主要为虚证，因此所配伍的药物以补虚药为主，如当归、熟地黄、黄芪、枸杞子等；主要用于肾阳虚证，因此补肾阳药及温里药与杜仲同用的概率较大，如续断、菟丝子、附子、肉桂等，如治疗肾阴不足或阴阳两虚证，常配伍补肾阴药同用，如熟地黄、枸杞子、山茱萸等；多用于痹证的治疗，因此也常常会配伍活血化瘀药和祛风湿药，如牛膝、川芎、木瓜、独活等；与杜仲配伍的解表药多兼祛风作用，如羌活、防风等。

表 4-9　含杜仲的成方制剂中与杜仲同时使用药物频次表

序号	药名	频次	序号	药名	频次
1	当归	105	19	鹿茸	31
2	熟地黄	95	20	陈皮	29
3	牛膝	79	21	巴戟天	27
4	茯苓	70	22	香附	27
5	川芎	61	23	木瓜	26
6	黄芪	60	24	阿胶	26
7	白芍	60	25	五味子	26
8	枸杞子	59	26	独活	23
9	甘草	57	27	羌活	23
10	白术	57	28	山茱萸	23
11	续断	52	29	红花	23
12	山药	51	30	附子	22
13	菟丝子	45	31	淫羊藿	20
14	人参	42	32	防风	20
15	肉苁蓉	37	33	丹参	20
16	党参	36	34	没药	20
17	补骨脂	34	35	何首乌	20
18	肉桂	33			

表 4-10　含杜仲的成方制剂中与杜仲同用的高频药物功效分类

药物分类	频次	药物分类	频次
补虚药	19	收涩药	2
活血化瘀药	5	解表药	2
温里药	2	祛风湿药	2
理气药	2	利水渗湿药	1

第三节　杜仲的保健应用

杜仲有"思仙"之名,《神农本草经》云其:"久服轻身耐老"。后世视此说法为受当时道教影响的不经之说。但杜仲在本经中列上品,亦有明确的补肝肾功效。从药性看,杜仲味甘微辛,无毒。现代研究也证实其有降压、调节骨代谢、延缓衰老等多种药理作用。因此,"思仙"之名当是人民群众将健康长寿的美好愿望寄托于杜仲的表现,其保健强身作用不应否定。而《本草图经》中有杜仲"初生嫩叶可采食"的记载,其"木作屐,亦主益脚"也是杜仲保健功效的体现。

一、含杜仲的保健食品概况

为了规范保健食品原料使用,原卫生部 2002 年 3 月 11 日发布《卫生部关于进一步规范保健食品原料管理的通知》(卫法监发[2002]51 号),其中有《可用于保健食品的物品名单》。杜仲(皮)与杜仲叶均列入卫生部颁布的可用于保健食品的物品名单。

共查阅历年含杜仲的保健食品 192 种,涉及的保健功能有抗疲劳、免疫调节、辅助降血压、增加骨密度、调节血脂、改善睡眠、减肥、美容(黄褐斑)、保肝等。现代研究发现杜仲确有降血压的药理作用,而易疲劳、免疫紊乱、骨质疏松多与肾虚相关。因此,杜仲保健食品的保健功能主要集中于抗疲劳、免疫调节、辅助降血压和增加骨密度等(见表 4-11)。

表 4-11　含杜仲的保健食品保健功能频数

序号	保健功能	频次	序号	保健功能	频次
1	抗疲劳	62	6	改善睡眠	10
2	免疫调节	55	7	减肥	3
3	辅助降血压	51	8	对化学性肝损伤有辅助	3
4	增加骨密度	43		保护功能	
5	调节血脂	11	9	美容	2

二、 杜仲药膳食疗

杜仲配伍其他中药和食物制成的杜仲药膳,作用缓和,无明显不良反应,对患者和正常人都有一定的滋补作用。杜仲药酒在医疗保健中比较常见,杜仲有补肝肾、强筋骨的作用;酒,能散寒化滞,通经络、行血脉。杜仲与酒相结合,配伍其他祛风湿、补益等药物做成的药酒,可起到较好的祛风湿、强筋骨、延年益寿等作用。除药酒外,杜仲也可以制成各种形式的药膳供食疗。但具体应用的时候,还是应该明确药膳的组成、保健功能及宜忌,合理应用,以免发生不良反应。以下列举一些杜仲药膳方。

(一) 祛风湿,强健筋骨药膳

1. 主食

(1) 健腰油糕(《养生食疗菜谱》)

【原料】杜仲 25 g,补骨脂 25 g,核桃肉 40 g,大蒜 15 g,烫面 220 g,发面 25 g,白糖 50 g,芝麻 50 g,苏打 2.5 g,熟猪油 2.5 g,菜油 250 g。

【制法与用法】将杜仲、补骨脂、大蒜洗净,经过加工烘干制成粉末。核桃肉、黑芝麻烘干制成末。烫面用时推开,加入发面、苏打、熟猪油揉匀搓成长圆条,扯成 50 个面团。中药末与核桃末、芝麻面、白糖、大蒜茸调制成馅,分为 50 个馅心。将面团按成直径 7 厘米的圆皮,包入糖馅封口,按成圆饼。将锅置中火上,下菜油烧至六成熟,将圆饼逐个入油锅,大约炸 10 分钟,皮酥、色黄时捞起,沥干余油上桌。佐餐或作点心食用。

【保健功能】补肝肾,强腰膝。用于肾亏腰酸,头晕耳鸣,尿有余沥等症。

【按语】杜仲能补肝肾、强筋骨;补骨脂能补肾壮阳、固精缩尿;核桃肉亦能补肾强腰,用上述药物加工的油糕具有较强的温补作用。但须注意,阴虚火旺者不宜服食。

(2)杜仲沙丁鱼煲(《杜仲》)

【原料】沙丁鱼 6 条,九层塔 7~8 片,胡椒少许,洋葱 1 个,生姜汁 1 大匙,泡好的杜仲茶 2 杯,色拉油适量。

【制法与用法】将沙丁鱼取出内脏,去头,放入装有杜仲茶的保鲜盒内,泡 30 分钟左右,取出沙丁鱼横切成约 2 厘米宽的圆片,擦去表面的水分。将九层塔和洋葱切碎,将杜仲茶、沙丁鱼片、九层塔、洋葱、生姜汁、少许胡椒和面包粉放入果汁机内打碎,将打碎的混合材料捏成汉堡状。在炒锅内放入少许色拉油,将两面充分煎熟,加上自己喜欢的调味酱,作点心食用。

【保健功能】补肝肾,强筋骨。用于肝肾虚损,筋骨痿软或小儿行迟、齿迟。

【按语】沙丁鱼的骨头已被果汁机粉碎,可以补充人体必需的钙;杜仲茶具有促进人体骨骼胶原蛋白合成的作用;沙丁鱼头中的钙与胶原蛋白结合,具有双重保健作用。

(3)补肾强腰壮阳饼(《中国药膳大宝典》)

【原料】杜仲 15 g,神曲 20 g,干姜、桂心、五味子各 10 g,肉苁蓉、菟丝子各 15 g,羊脊髓 60 g,大枣 20 枚,酥油 50 g,蜂蜜 60 g,黄牛乳 250 g,面粉 500 g,蜀椒适量。

【制法与用法】将上述属药物者烘干,研成细末。把药末、面粉、蜜、髓、酥乳一起拌和,加入枣泥,置盆中盖严,半日后取出做成饼,再入炉上烘烤令熟即成。每日可当饭食之,不可过量。

【保健功能】温脾暖肾,壮阳益精。用于脾肾阳虚所出现的食欲不振,消化不良,腰膝酸软,阳痿遗精,身体消瘦,畏寒怯冷等。

【按语】羊髓味甘,性温,功能益阴补髓,润肺泽肌,用于虚劳羸瘦等;牛乳味甘,性平,功能补虚损,益肺肾,生津润肠,可用于虚弱劳损,反胃,消渴,便秘等;杜仲、干姜、桂心、菟丝子均性偏温燥,与羊髓、牛乳相配可防过燥之弊。但注意阴虚火旺者忌服。

(4) 核桃杜仲粥(验方)(《家庭常用中药丛书——杜仲》)

【原料】核桃仁 50 g,杜仲 20 g,粳米 60 g。

【制法与用法】将上物洗净后放入锅内,添适量水煮熟即可,可作晚餐或点心服食。

【保健功能】补肾壮腰。用于肾虚腰痛,腿脚软弱无力,亦可作病后膳食。

【按语】核桃又称胡桃,为补养果品,《开宝本草》:"食之令人肥健润肌,黑须发"。有补肾强腰作用;杜仲能补肝肾,强腰膝,为治虚证腰痛要药。

(5) 杜仲牛膝薏米粥(《疾病的食疗与验方》)

【原料】薏苡仁 60,桂枝 9 g,杜仲 18 g,牛膝 9 g。

【制法与用法】先将桂枝、杜仲、牛膝放入砂锅内,加水浸 1 小时,煎取汁备用。再用药汁将淘洗干净的薏苡仁煮成粥食用。每日 1 剂,连服 10~12 剂,可加白糖调味。

【保健功能】祛风除湿,活血通络。用于风湿阻络,肌肤失养引起的牛皮癣。

(6) 补肾助阳粥(《中医养生大全》)

【原料】杜仲 15 g,补骨脂 15 g,胡桃肉 50 g,大米 150 g。

【制法与用法】将杜仲、补骨脂、胡桃肉洗净,水煎 15 分钟左右,去渣取汁备用。将大米淘洗干净,与药汁同煮成粥,调味即可。早晚温服。

【保健功能】温补肾阳。用于肾虚腰膝酸软,遗精等。

2. 菜肴

(1) 杜仲炒羊腰(《常见病与食疗》)

【原料】羊腰 500 g,盐炙杜仲 15 g,五味子 6 g,生粉、酱油、黄酒、盐、葱、姜、植物油各适量。

【制法与用法】将杜仲、五味子放入锅内,加适量清水煎煮 40 分钟,去药渣,再加热浓缩成稠药。将羊腰洗净,去筋膜臊腺,切成小块腰花,放入碗内,加药汁、生粉拌匀。将锅烧热放入油,油至六成热时放入腰花爆炒至嫩熟,烹酱油、黄酒、放葱、姜末,再炒片刻即成。

【保健功能】补益肝肾,强筋壮骨。用于肝肾阴虚证型骨质增生(腰酸、活动受限、头眩晕、耳鸣、眼花、小便短赤、大便秘结、经期不规则)等症。

【按语】杜仲、五味子均有补肾之功,羊腰味甘性温,能补肾气精髓,用于肾虚劳损,膝脊疼痛,足膝痿弱,耳聋,消渴,阳痿,尿频,遗尿等。故本膳功专补腰,凡因肾虚而见诸症者,可以食之。

(2) 杜仲猪肾(《常见病与食疗》)

【原料】杜仲 20 g,猪肾 300 g,酱油 18 g,料酒 12 g,白糖 12 g,醋、味精、葱、姜末各少许,湿淀粉 120 g,植物油适量。

【制法与用法】① 将猪肾剖成 2 片,去腰臊,划成斜花刀,切长 3 厘米、宽 1.5 厘米的长方形块,用湿淀粉 100 g 拌匀。杜仲切断丝,放入锅内煮沸 15 分钟,去渣留汁,继续将药汁加热浓缩。

② 锅烧热放入植物油 500 g,待油热至冒烟时,将腰花用筷子一块一块地放在油锅内(这样可以避免粘在一起),稍炸片刻,待外表呈金黄色时捞出。

③ 将酱油、醋、白糖、料酒、味精、杜仲浓缩汁和水淀粉 20 g 一起调均匀(作勾芡用)。将炒具烧热,倒入油,油热后将葱、姜放入,稍爆一下(不要炸糊),随即倒入调好的汁。汁成稠糊后,将炸好的腰花倒入锅内翻炒,使腰花挂上汁即成。

【保健功能】补肝肾,强筋骨,通行经脉。用于肝肾亏虚型痛经,症见经行小腹作痛,腰酸,经量少,质稀薄,潮热耳鸣,苔薄,脉细弱。

(3) 鹿冲鸡(《中华食物疗法大全》)

【原料】鹿冲(鹿鞭)100 g,枸杞子 10 g,肉苁蓉 12 g,巴戟天 10 g,杜仲 10 g,熟地 12 g,龙眼肉 10 g,生姜两块,陈皮 1 块,生仔鸡 1 只(以不超过 750 g

为宜)。

【制法与用法】鹿冲洗净切片,用烧酒洒过,至软身为度,然后与枸杞子、肉苁蓉、巴戟天、杜仲、熟地、龙眼肉、生姜、陈皮、鸡仔等放炖锅内同炖,熟烂即可佐餐食用。

【保健功能】壮阳补肾,填精益髓。用于劳伤虚损,腰膝酸痛,肾虚耳聋耳鸣,阳痿等。

【按语】鹿冲味甘、咸,性温,功能补肾、壮阳、益精。杜仲补肾强腰,肉苁蓉、巴戟天能补肾阳、益精血,熟地、龙眼肉滋补阴血,诸药与仔鸡同炖,既能温阳,又能益精血,具有较强的补益作用。

(4) 杜附当归焖猪肾(《常见病自疗——常见病食疗便方》)

【原料】猪肾 2 只,熟猪肘肉 300 g,当归 15 g,杜仲 20 g,山茱萸 10 g,肉桂 5 g,熟地 10 g,熟附片、枸杞各 10 g,山药 10 g,调料适量。

【制法与用法】① 将猪肾 2 只剖开,除去臊腺,切成腰花状。熟猪肘肉 300 g 切成小块,同装于大碗中,加入黄酒,拌匀,腌渍 20 分钟。姜洗净拍裂,葱打成结。当归、杜仲、山茱萸、肉桂、熟地分别洗净,装于纱布袋中,扎紧袋口。熟附片、枸杞、山药分别洗净沥干。

② 锅置旺火上,下油,烧至七成热,先投姜块、葱结,爆香,依次再放腰花、猪肘肉块,同炒匀后,注入清水 600 ml,烧开后加入熟附片、枸杞、山药和药纱袋,转用小火焖至肉酥汁浓,捞出葱、姜和药纱袋,下冰糖,继续焖至糖溶。单食或佐餐。

【保健功能】补肾阳,强筋骨。适用于肾阳不足,腰脊酸痛,脾胃虚寒。

(5) 杜仲口味炸猪排(《杜仲》)

【原料】猪里脊肉 2 片,洋葱薄片 5 片,胡萝卜薄片 5 片,苹果薄片 3 片,泡好的杜仲茶 2 杯,鸡蛋 1 个,面包粉、面粉、色拉油适量。

【制法与用法】将冷杜仲茶倒入保鲜盒内,把猪里脊肉以齿状打肉器打遍整个猪肉片,使这些齿痕深入肉片一半左右,将洋葱片、胡萝卜片、苹果片排在保鲜盒底部,再搁上打好的肉片,肉片上再搁洋葱片、胡萝卜片、苹果片,然后将保鲜盒放入冰箱冷藏一晚。将杜仲茶泡过的猪里脊肉取出,再把洋葱片、胡萝卜片、苹果片取出,用厨房用纸轻轻吸去水分,然后沾上打匀的鸡蛋面粉以及面包粉,用色拉油炸。佐餐食用。

【保健功能】补肝肾,壮腰膝。用于肾虚腰脊酸软。

【按语】杜仲茶渍泡后所产生的效果,可使猪肉柔软、可口。

(6)炸杜仲茶渍鸡翅膀(《杜仲》)

【原料】鸡翅膀2块,柠檬薄片2块,泡好的杜仲茶4杯,清酒3大匙,酱油、芥末适量。

【制法与用法】将杜仲茶和清酒倒入保鲜盒内,再放入鸡翅膀,盖好保鲜盒放进冰箱冷藏一晚。次日,在圆底菜锅内倒入适量的油,油热之后,将渍好的鸡翅膀放入油锅内炸,炸熟后切成适当大小,饰以柠檬薄片。食用时可以沾芥末酱油。

【保健功能】益气、补肾健体。用于病后体虚腰痛,或健康人保健食疗。

(6)杜仲羊肉串(《家庭食疗手册》)

【原料】嫩羊肉300 g,人参、杜仲、桂心、甘草各15 g,精盐少许。

【制法与用法】将羊肉切成小块,串在10个烤肉签子上烤熟;甘草、桂心、杜仲、人参共为细末,掺上药末即可食用,量自酌。

【保健功能】补气,温肾,散寒。用于肾阳亏虚、气血不畅之关节疼痛、活动不灵、腰膝酸软等。

3.汤羹

(1)杜仲牛膝炖鹿肉(《常见病自疗——常见病食疗便方》)

【原料】鹿肉500 g,杜仲20 g,淮牛膝、千斤拔各15 g,各种调料适量。

【制法与用法】杜仲、淮牛膝、千斤拔分别洗净,放于砂锅中,水煎2次,每次用水300 ml,煎半小时,两次混合,去渣留汁于锅中。再将鹿肉洗净,切成小块,和黄酒、姜片、精盐一起放入,继续加热,用小火炖至酥烂,下味精,淋麻油。分2次乘热食鹿肉喝汤。

【保健功能】补肝肾,强筋骨,舒筋活络。适用于肾虚腰脊疼痛,四肢乏力。

(2) 胡桃炖龟肉(《养生食疗菜谱》)

【原料】乌龟1只500 g,核桃末60 g,杜仲12 g,续断12 g,桑寄生12 g,枸杞10 g,姜块20 g,葱结25 g,精盐8 g,味精1 g,陈皮15 g,猪棒骨400 g,绍酒20 g。

【制法与用法】将乌龟放入开水中烫死,宰去头、爪甲,刮去粗皮,去除肚肠,再切成块。中药去净灰渣,切成薄片,装入双层纱布袋中封住口。姜葱洗净。砂锅置旺火上,加清水,猪棒骨垫底,龟板、龟肉同入烧开后,撇去血沫,加入姜、葱、药包、绍酒、陈皮,再移至小火上炖至软烂,取出药包、姜、葱、陈皮、骨头,再加入精盐、味精调好味即成。饮汤食肉。

【保健功能】补肾益髓。用于肾虚腰痛,耳鸣,头晕等症。

【按语】乌龟肉性味甘、咸、温,具有补益精血之功。《本草纲目》:"通任脉,助阳道,补阴血,益精气,治痿弱。"《日用本草》:"大可补阴虚。"《云南中草药》:"补肺,壮肾阳。"龟肉与上药同炖,能阴阳同补。

(3) 杜仲核桃炖猪腰(《疾病的食疗与验方》)

【原料】猪腰1对,核桃肉、杜仲炭、金樱子各30 g。

【制法与用法】将猪腰对剖去臊腺,洗净,与诸药同炖熟。饮汤食肉。

【保健功能】补肾阴,益肾阳。用于糖尿病阴阳两虚,小便频数,口干少津,面色黧黑。

【按语】猪肾味咸、性凉,具有补肾滋阴的作用;核桃能补肾阳;杜仲炭、金樱子固肾缩尿。诸药组合,共奏滋肾阴、补肾阳之功。

(4) 杜仲核桃煲猪腰(《药膳宝典》)

【原料】猪腰1对,杜仲30 g,核桃30 g,姜、葱、盐、香油、酱油、香菜等适量。

【制法与用法】首先把猪腰去臊腺放进锅中和杜仲一起煮,然后加入少许的姜、葱,煮开后撇去浮沫,再把核桃仁放进去,加一点盐,改用文火煨,15

分钟后捞出猪腰,将猪腰改刀切片,切好之后和核桃仁一起装盘,再浇上一点香油、酱油和香菜,即可。

【保健功能】补养肝肾,健筋强骨。用于腰膝酸软,关节疼痛。妊娠期用之可安胎。

(5)川断杜仲煲猪尾(《中华药膳大宝典》)

【原料】川断 25 g,杜仲 30 g,猪尾 1～2 条。

【制法与用法】猪尾 1～2 条去毛洗净,与川断、杜仲一起加水煮熟,放盐少许,调味服用。

【用于】补肾阳,强筋骨。治因肾虚导致的腰部酸痛、阳痿遗精、腰部损伤、腰腿痛等。

【按语】川断又名续断,性温,味苦、微辛,入肝、肾经。功能补肝肾,强筋骨,调血脉。杜仲功能补肝肾,强筋骨和安胎。猪尾性温味甘,功能益肾填髓,补骨,润肠。三者合用,补肾强骨作用好。

(6)栗子杜仲猪尾汤(《〈本草纲目〉养生智慧大全》)

【原料】栗子 200 g,杜仲 15 g,猪尾 1 条,红枣 2 枚,陈皮 1 块,姜片、盐适量。

【制法与用法】先把栗子去壳,剥洗干净,杜仲、陈皮和红枣放入清水中浸泡几分钟,洗净,猪尾洗净切段。然后把所有材料放入砂锅中,加水煮开后转小火炖 2 小时左右,加盐调味即可。

【保健功能】强壮补虚,滋阴祛火,强筋骨,补精气。适用于肝肾阴虚火旺所致的腰酸、足跟痛、行走不便等症。

(7)鹿附枣仲煨肘子(《滋阴壮阳大众食谱》)

【原料】猪肘子 1 000 g,熟附片 50 g,冰糖 30 g,山药、枸杞、当归头、枣皮、制杜仲、菟丝子、肉桂、鹿角胶、姜丝各 10 g。

【制法与用法】将山药、当归头、枣皮、杜仲、菟丝子、肉桂等用水清洗干净,放入纱布袋内,包好扎口,待用。把肘子去毛,刮洗净,切成小块,待用。将炒锅洗净,置旺火上,加清水适量,放入肘子、洗净的熟附片、枸杞和药包,先用旺火煮沸,改用文火煨至肉烂,捞出药包,加入鹿角胶、冰糖搅匀,再煨10～15分钟,即可食用。

【保健功能】填精补髓,温补肾阳。适用于肾阳不足引起的气衰神疲,四肢冷,阳痿,小便自遗,腰膝酸软,下肢浮肿等病症。

(8) 杜归母鸡汤(《家庭食疗手册》)

【原料】母鸡1只,杜仲60 g,当归20 g,桂枝15 g,生姜、食盐各适量。

【制法与用法】杜仲、当归、桂枝用纱袋紧扎口,与鸡、生姜同炖至鸡肉熟,去纱袋,放食盐即可。食肉喝汤,可分4～5次服,连服10～15天。

【保健功能】温通血脉,补肾壮腰。用于腰部软组织损伤。

(9) 山药杜仲腰片汤(《保健·食疗药膳精典》)

【原料】山药鲜品50 g(干品减半),杜仲6 g,猪腰(即猪肾,去筋膜等处理干净切片)150 g。

【制法与用法】杜仲加水适量煎汁备用。腰片用淀粉略浆后入油锅爆一下即盛起。山药加鲜汤煮熟后,加入杜仲汁及腰片煮沸,再加调味即成。吃腰片、山药,喝汤。

【保健功能】补肾,强筋健肌。对老人腰痛腿酸,行走乏力,常吃有效。

(10) 接骨木猪骨汤(《女性常见病饮食宜忌与食疗妙方》)

【原料】猪骨250 g,接骨木、杜仲各25 g,当归20 g,桑寄生30 g,调料适量。

【制法与用法】将猪骨洗净切成小块,接骨木、杜仲、当归、桑寄生洗净,共放锅内,加适量水,小火煮2～3小时,调味即可。喝汤吃肉,隔日1剂。

【保健功能】补肝肾,益气血,强筋健骨。用于骨质疏松性骨折后期,证属肝肾阴虚、筋骨痿弱。

(11) 杜仲骨脂猪髓汤(《常见病食疗方》)

【原料】猪脊髓1条,杜仲15 g,补骨脂10 g,各种调料适量。

【制法与用法】猪脊髓1条洗净切段,杜仲、补骨脂洗净装于纱布袋中。同放于砂锅中,注入清水500 ml,烧开后撇去浮沫,加入姜丝、黄酒和精盐,小火煮半小时,去药纱袋,下味精,淋麻油。分2次,食髓喝汤。

【保健功能】补肾壮阳,强健筋骨。适用于体质虚弱,肾亏阳痿,腰膝酸软。

(12) 猪肾枸杞杜仲汤(《常见病食疗方》)

【原料】猪肾1只,枸杞、杜仲各20 g,车前子15 g,各种调料适量。

【制法与用法】将枸杞、杜仲各20 g,车前子15 g(包煎),水煎2次,每次用水300 ml,煎半小时,两次混合,去渣留汁于锅中。再将猪肾1对剖开,除去臊腺,洗净切片,连同姜丝、精盐同放入锅中,继续煮至熟透,下味精,淋麻油。分2次乘热食猪肾喝汤,每隔1天服1剂,连服5剂为一个疗程。

【保健功能】补肾益精。适用于肾虚阳痿,腰膝酸软,头晕眼花,健忘。

(13) 杜仲羊肉汤(《现代人常见病对症食疗与按摩》)

【原料】羊肉250 g,肉苁蓉30 g,党参、当归各20 g,杜仲、枸杞子、生姜各15 g。

【制法与用法】生姜切片,羊肉洗净切小块,和姜片连同五味中药一起放入砂锅,加适量水,大火煮沸后转中火炖煮,待羊肉熟透即可,加盐调味,饮汤食肉。

【保健功能】补肾,益气,养血。用于女性产后肝肾不足,气血亏虚,神疲乏力,畏寒肢冷,腰酸痛。空腹食用效佳。

【按语】肉苁蓉补肾气、益精血;党参具有补虚益气的功效,特别适合产后体虚的女性食用;杜仲具有壮腰膝、强筋骨的功效。全方可补肾阳,益脾气,养气血。用于肾阳不足、自汗盗汗、腰膝酸软、畏冷、阳痿、失眠、心悸等症。

【注意】本方温阳力胜,故火旺者慎用之。

(14) 黑豆胡子鲶汤(《滋阴壮阳大众食谱》)

【原料】大黑豆100 g,胡子鲶1条(重约150 g),杜仲10 g,猪油、精盐、味精各适量。

【制法与用法】将黑豆用温水浸泡2小时,去杂洗净,待用。将杜仲洗净,斩成碎块,放入药袋内,扎紧待用。把煮锅刷洗净,加清水适量,置于旺火上煮沸,将黑豆、杜仲入锅炖至黑豆熟透,取出杜仲药袋,加入胡子鲶炖熟,放猪油、精盐、味精,稍煮片刻,即可食用。

【保健功能】填精补肾,壮腰益气。用于因房事过度,劳动过重,时常遗精或老年精气虚弱引起的精液过少,性功能减退,腰部隐隐作痛,坐立不安,腰膝酸软无力等病症。

4. 茶饮

(1) 杜仲五味子茶(《茶疗法》)

【原料】杜仲 20 g,五味子 9 g。

【制法与用法】上药共研为末,纳入热水瓶中,用沸水适量冲泡,盖上盖闷 15~20 分钟即可。

【服法】频频饮用,于 1 日内饮完。

【保健功能】补肾涩精,强筋健骨。用于肾虚腰痛,头昏脑涨或头昏失眠,腰腿乏力,阳痿,遗精,精神不振等。

(2) 枸杞杜仲饮(《家常食疗养生药膳》)

【原料】枸杞 30 g,杜仲 100 g

【制法与用法】将杜仲放入砂锅,加水 500 ml,烧开,放入枸杞,煮 3~5 分钟后,去渣即可。

【服法】分 2~3 次饮用。

【保健功能】滋补肝肾。用于肝肾阴虚腰膝无力及血虚头晕心悸等。

5. 药酒

(1) 杜仲酒(《中国药膳宝典》)

【原料】杜仲 350 g,酒 4 kg。

【制法与用法】取药材剪碎,加酒渍 10 日即得。

【服法】每日 1~2 次,每次饮 1~2 小杯。

【保健功能】补肝肾,强筋骨,通经活络。治腰背痛。

(2) 独活酒(《中国药膳宝典》)

【原料】独活 18 g,杜仲 36 g,当归(切焙)55 g,川芎 55 g,熟地(焙)55 g,

丹参 36 g,黄酒 4 kg。

【制法与用法】上 6 味,研磨成细粉,以好黄酒 4 kg,于干净瓶内浸泡,封渍 5～7 日,澄清即得。

【服法】温饮,不拘时,随量饮之。

【保健功能】祛风湿,补肝肾,活血祛瘀。治风湿腰痛,麻木不仁。

(3) 石斛杜仲酒(《普济方》)

【原料】石斛(去根)60 g,牛膝(酒浸,焙切)12 g,杜仲(去粗皮炙)100 g,丹参 75 g,桂枝 50 g。

【制法与用法】上 6 味,用酒 2 kg,锉细,瓷瓶内浸密封,渍 5～7 日(若急用可以各药与酒同煮,保温 1～2 时辰,取出冷却)即可。

【服法】每次温服 2 小盅,不拘时,常令有酒气。

【保健功能】补肝肾,强筋骨,通经络。治风寒湿冷,腰脚冷痹,皮肤不仁。

【按语】石斛多用于生津益胃,古人用其健脚膝,驱冷痹,所以有除痹、补虚两大功能。综观全方,牛膝、杜仲、丹参、桂枝兼有祛邪、扶正两方面作用。原方中有朱砂,因有毒而不用。

(4) 杜仲加皮酒(《民间百病良方》)

【原料】杜仲、五加皮各 50 g,白酒 1 000 ml。

【制法与用法】将杜仲、五加皮洗净捣碎浸入白酒中,15 日后滤渣取用。

【服法】每日服 2 次,每次服 10～15 ml。

【保健功能】祛风湿,强筋骨。用于风湿痹痛,腰膝酸痛,筋骨无力。

【按语】杜仲与五加皮均可补肝肾、强筋骨,五加皮又可祛风湿。故凡风湿、风寒及肝肾不足所引起的腰腿酸痛,四肢筋骨疼痛,行走不便等均可饮服。此酒亦有抗老防衰之功,中老年常饮可使精力充沛,腰腿健运,无病用作保健,亦为佳品。

(5) 杜仲天麻酒(《药酒良方精选》)

【原料】杜仲 100 g,天麻 50 g,白酒 1 500 ml。

【制法与用法】将杜仲除去粗皮,与天麻一起切成蚕豆大小的块状,浸泡于白酒之中,密封,每隔 3 日振摇 1 次,1 个月后滤去渣,备饮。

【服法】每日服 1～2 次,每次服 10～20 ml。

【保健功能】补肾强筋,柔肝息风。用于中风偏瘫、手足不用,风湿所致的筋脉拘挛,腰膝疼痛。

【按语】杜仲能补肝肾、强筋骨,天麻平肝息风,通络。此酒不仅可用于高血压、卒中及卒中后遗症、偏瘫、手足不用等,且对风湿所致的筋脉拘挛,腰膝疼痛,不能俯仰,或四肢麻木,活动不便等亦有良效。对中、老年人也有延寿养生的作用,故家庭不妨常备此酒,时常小量品酌,防病治病,各得其宜。

(6)黑豆酒(《滋阴壮阳大众食谱》)

【原料】黑豆 120 g,杜仲、熟地黄、枸杞子各 40 g,牛膝、淫羊藿、当归、制附子、茵芋、茯苓、川椒、白术、五加皮、酸枣仁各 30 g,肉桂、石斛、羌活、防风、川芎各 20 g,醇酒 2L。

【制法与用法】将黑豆用温水浸软,凉水洗净,入炒锅内,以文火炒熟,捞出,晾凉待用。把全部中药材洗净,取杜仲、淫羊藿入锅内微炒,然后与诸药一起研碎待用。将酒坛洗净并擦干,黑豆与中药材全部放入酒坛内,加醇酒 2L,密封,置于阴凉干燥处,浸泡 10 天即可启封,过滤去渣,装入瓶内,备用。

【服法】每日 2～3 次,饭前温饮 10～20 ml。

【保健功能】补肾壮阳,祛风除湿。适用于肾虚亏损,风湿痹着,腰痛沉重,延至腿脚肿痛,身体虚弱等病症。

(7)胡桃酒(《东医宝鉴》)

【原料】胡桃肉 120 g,杜仲 60 g,小茴香 30 g,白酒 2 000 g。

【制法与用法】将上述药物捣成细末,装入白纱布袋中,置入净器内,入酒浸泡,封口,14 日后启封,过滤去渣,装瓶备用。

【服法】每日 2 次,每次 10～20 ml,早晚空腹温服。

【保健功能】补肾,强腰。用于腰膝酸痛,四肢无力,面色㿠白,体倦等症。

【注意】阴虚火旺者忌饮。

【按语】胡桃肉健腰补肾,润肺定喘,润肠通便;杜仲补肝肾,强筋骨;小茴香散寒止痛,理气和胃。三药合用,制成酒剂,有很好的补肾强腰作用,经常服用,不仅可治疗腰膝酸痛、四肢无力症,而且有延年益寿之功。

(8)狗骨独活寄生酒(《常见病自疗——常见病食疗便方》)

【原料】狗骨(四肢骨)250 g(炙酥醋淬),独活、桑寄生、当归各 15 g,杜仲、淮牛膝各 10 g(均洗净沥干)。

【制法与用法】同浸白酒 2 500 ml 中。密封 1 个月后饮酒。

【服法】每日服 3 次,每次 20～30 ml。

【保健功能】补肝肾,强筋骨,利血脉。适用于关节筋骨疼痛,腰膝软弱无力。

(9)补骨脂酒《局方发挥》

【原料】补骨脂 30 g,杜仲 30 g,胡桃肉(去皮)30 g,大蒜 5 g,生姜 5 g,白酒 1 000 ml。

【制法与用法】将药研为细末,置坛中,入酒浸泡 10～20 日即成。

【服法】每日服 1～2 次,每次服 10～20 ml。

【保健功能】补肾助阳,强筋壮骨。肾阳不足,腰痛重着,下肢不温,行走困难或肾精不固,遗精阳痿,腰酸早泄。

【按语】此酒内含《局方发挥》青娥丸,为益精助阳、乌须、壮脚力,治肾虚腰痛、妊娠腰腹痛之方。凡肾阳不足,肾精不固,年老体衰,畏寒肢冷,夜多小便,余沥不尽者亦颇相宜。

(10)杜菊杞冬酒(《补肾益寿药酒方》)

【原料】枸杞子 60 g,桑寄生 60 g,甘菊花 30 g,杜仲 30 g,天门冬 30 g,白酒 2 000 g。

【制作】将上药捣碎,用白纱布袋盛之,置于净器中,入白酒浸泡,密封,14 日后开封,去掉药袋,贮入瓶中备用。

【服法】每日 2 次,每次 10～20 ml,空腹饮用。

【保健功能】补肝肾,强筋骨,清热。用于腰膝酸软,头晕目眩,筋骨不舒,视物模糊,面热等症。

【按语】方中枸杞子、桑寄生、杜仲补肝肾,强筋骨;甘菊花、天冬滋阴清热,并缓和酒中热性。诸药制酒,共奏补肾、强筋骨、清热之功。适宜于中老年阴虚体质的人饮用。

(11) 牛膝独活酒(《千金方》)

【原料】牛膝 45 g,独活 25 g,桑寄生 30 g,秦艽 25 g,杜仲 40 g,人参 10 g,当归 35 g,白酒 1 000 g。

【制法与用法】上述诸药,洗净后切碎,放入纱布袋中,封口,置入酒中浸泡 30 日后过滤,去渣备用。

【服法】每日 1 次,每次 10～30 ml,以巳时(上午 9～11 时)服用为佳。

【保健功能】补气血,益肝肾,祛风湿,止腰腿痛。用于腰腿疼痛,腿足屈伸不利,痹着不仁,肝肾两亏,风寒湿痹。

【按语】本方源于《千金方》中的独活寄生汤。方中扶正不忘祛邪,可使患者气血足而风湿除,肝肾强而痹痛愈。

(11) 防腰痛酒(《中药制剂汇编》)

【原料】杜仲 15 g,破故纸 10 g,苍术 10 g,鹿角霜 10 g,白酒 500 ml。

【制法与用法】将上述药研成粗粉,放入瓶中,加入白酒,密封置阴凉处,浸泡 7 日后过滤备用。

【服法】每日早、晚各服 1 次,每次服 10～20 ml,连服 7 日,有效续服,至愈为止。

【保健功能】温肾散寒,祛风除湿。用于肾虚腰痛。

(二) 辅助降血压药膳

1. 主食

(1) 四味素菜包(《常见病食疗米面食 500 款》)

【原料】面粉 500 g,茼蒿 500 g,天麻、钩藤、杜仲、黄芩各 10 g,香甜泡打粉 10 g,虾皮 20 g,精盐 1 g,十三香粉 0.5 g,香油 10 g,玉米油 20 g,葱、姜各 20 g。

【制法与用法】将锅内放清水 500 g,入天麻、杜仲、黄芩小火烧开,煎煮约 50 分钟,下入钩藤继续煎煮约 5 分钟,捞出药渣,药汁滤入容器内晾凉。面粉内加入香甜泡打粉拌匀,用药汁和成面团,略饧。葱、姜、茼蒿、虾皮分别剁碎。茼蒿挤去水分放入容器内,加入葱、姜、虾皮及全部调料拌匀成馅。将面团搓成条,揪成均匀的剂子,按扁,擀成中间略厚,周边稍薄的圆皮,放上馅,收口提褶捏成圆形包子,摆入蒸锅内,蒸至熟透取出,装入盘内即成。

【保健功能】平肝息风,滋阴清热。对于高血压病肝阳上亢者有辅助治疗作用。

【按语】钩藤不宜久煎,必须后放入汤剂内。药汁煎至余下 250 g 左右时即可。药汁微温时,倒入面粉内和成面团。用大火蒸制。

(2) 吉利堂山药包(《常见病食疗米面食 500 款》)

【原料】面粉 500 g,山药 225 g,净鸡肉 150 g,药包 1 个(内装杜仲 10 g,枸杞子 15 g),胡萝卜 50 g,葱末 20 g,姜末 5 g,料酒 10 g,精盐 3 g,味精 2 g,胡椒粉 0.5 g,玉米油 20 g,香甜泡打粉 12 g。

【制法与用法】锅内放入药包,加入清水 500 g 烧开,煎煮至药汁余下 300 g 时,拣出药包,药汁倒入容器内晾凉。面粉内加入香甜泡打粉拌匀,再加入药汁 250 g 和匀成面团,饧 10 分钟。将山药、胡萝卜均削去外皮,与鸡肉分别剁成末。鸡肉末放入容器内,加入余下的药汁和料酒、精盐、味精、胡椒粉、姜末按一个方向充分搅匀上劲,再加入山药末、胡萝卜末、葱末、玉米油 15 g 拌匀成馅。将面团搓成条,揪成均匀的剂子,按扁,擀成圆饼皮,逐一放上馅,提褶收口捏成圆形包子生坯,摆在抹有玉米油的蒸帘上,入蒸锅内用大火蒸至熟透取出,装入盘内即成。

【保健功能】补肾益气,降脂降压。适宜于各型高脂血症患者食用。

【按语】杜仲温肾阳,枸杞益肾阴,二者相配平调阴阳。山药益气养阴,健脾,能促进蛋白质和淀粉的分解,使食物易于消化吸收,并有降脂祛腻、预防动脉硬化和肥胖症的作用。胡萝卜含有的果酸,有降胆固醇的作用。鸡肉是高蛋白、低脂肪的肉食,且富含不饱和脂肪酸。此款主食具有补肾益气,降脂降压的功效。

（3）杜仲油豆腐饭（《杜仲》）

【原料】杜仲茶、大米、油炸豆腐适量,料酒 2 大匙,酱油 1 大匙。

【制法与用法】先将油炸豆腐用热水烫一下,滤去油分,切成细条状。然后将大米、杜仲茶、豆腐条、料酒、酱油放入电饭锅内煮熟。正餐食用。

【保健功能】平肝降压,健脾和胃。用于肝阳上亢头晕,食欲不佳。

【按语】杜仲有降压作用,用此种方法煮出的饭香气四溢,可增进食欲,促消化。

2. 汤羹

（1）杜仲夏枯草瘦肉汤（《心血管疾病中医食疗验方》）

【原料】猪瘦肉 25 g,杜仲 30 g,夏枯草 30 g,红枣 4 枚。

【制法与用法】将夏枯草去杂质洗净,杜仲、红枣(去核)洗净,猪瘦肉洗净切块,用开水焯过。把全部用料齐放入锅内,加清水适量,武火煮沸后,文火煮 2～3 小时调味即可,随量饮用。

【保健功能】清补降压。主治高血压病,头目胀痛,腰膝酸软。

【按语】杜仲补益肝肾、强壮筋骨,并能降压;夏枯草善清泻肝火,与杜仲合用,寒热互调,使药性平和,而增加降压效果;猪瘦肉为高蛋白低胆固醇的营养佳品,用之意在增加营养价值,又能纠正夏枯草之苦;配红枣之甘补,使本汤清补兼施,味道可口。

（2）杜仲鹌鹑汤（《肾病家常食谱》）

【原料】杜仲 30 g,淮山药 60 g,枸杞子 30 g,红枣 6 个,生姜 3 片,鹌鹑 2 只,花生油 50 g,精盐、酱油、胡椒粉、味精各适量。

【制法与用法】将鹌鹑去毛、去内脏,洗净,切小块。杜仲、淮山药、枸杞、红枣(去核)分别洗净,其中杜仲用纱布袋包扎好。锅内放清汤和适量清水,将鹌鹑肉和药料、红枣、生姜片同放锅内。武火煮沸,撇净浮沫,文火慢煮至汤香肉烂,再放入胡椒粉、精盐、酱油、味精调味即可。饮汤食肉吃红枣。

【保健功能】健脾补肺,益精固肾。用于预防心血管脂肪沉积、血管硬化,对高血压高血脂、冠心病、肥胖患者尤为适宜。

【按语】鹌鹑益气补中,强肾补骨;枸杞子能益精明目,滋肾补血;杜仲性味甘,有补肝肾、强筋骨、安胎、降血压之效。三料合用,则有补益肝肾、强筋健骨、益精明目、降压安胎之功用。

(3) 银耳杜仲羹(《常见病自疗——常见病食疗便方》)

【原料】杜仲15 g,银耳10 g,冰糖适量。

【制法与用法】杜仲水煎2次,每次用水200 ml,煎半小时,两次混合,去渣留汁于锅中,加入银耳,加热煎至即将酥烂时,下冰糖,煎至溶化。分1~2次,趁热服。

【保健功能】补肾养阴,降压。适用于肝肾阴虚型高血压,头痛眩晕,腰膝酸软。

(4) 银耳杜仲(《食用菌饮食疗法》)

【原料】银耳、炙杜仲各20 g,灵芝10 g,冰糖150 g。

【制法与用法】用适量清水将杜仲和灵芝先后煎3次,将所得药汁全部混合,熬至1 000 ml左右。银耳冷水泡发,去除杂质、蒂头、泥沙,加水置文火上熬至微黄色。将灵芝药汁和银耳汁倒在一起,以文火熬至银耳酥烂成胶状,再加入冰糖水即成。早晚各温服1汤碗,久服效显。

【保健功能】养阴润肺,益胃生津,补肾。用于中老年脾肾两虚型高血压病患者,症见头晕耳鸣、失眠、腰膝酸痛等。

3. 茶饮

(1) 经验方(《中华药膳大宝典》)

【原料】杜仲、夏枯草、桑寄生、槐花、茺蔚子各9 g,黄芩6 g。

【制法与用法】水煎代茶饮。

【保健功能】补肾,清热平肝。高血压,头痛眩晕。

(2) 杜仲牛膝夏枯草汤(《疾病的食疗与验方》)

【原料】川杜仲 12~15 g,怀牛膝 18 g,夏枯草 9 g,钩藤 15~18 g,白芍 15 g,生牡蛎 18~24 g,炙甘草 3 g,玄参 15 g。

【制法与用法】先水煎生牡蛎,半小时后入余药煎 50 分钟后下钩藤,再煎 20 分钟取汤温服。一日 1 剂。

【保健功能】补肝益肾,滋阴潜阳,镇静安神,平肝降压。用于治疗肝肾阴虚的高血压病。

(3) 杜仲茶(《茶疗法》)

【原料】优质绿茶、杜仲各等分。

【制法与用法】共制粗末,混匀,以滤泡纸袋包装,每袋 6 g,备用。每次 1 袋,沸水冲泡 10 分钟即可,温饮之。

【保健功能】补肝肾,强筋骨。用于高血压合并心脏病,以及腰痛腰酸等。

(4) 杜仲寄生茶(《食疗秘方》)

【原料】杜仲、桑寄生各等分。

【制法与用法】共研为粗末。每次 10 g,沸水浸泡饮。

【保健功能】补肝肾,降血压。适用于高血压而有肝肾虚弱,耳鸣眩晕,腰膝酸软者。

(5) 杜仲夏枯草茶(《美食茶水百例经典》)

【原料】杜仲 15 g,夏枯草 5 g,棕榈叶 30 g。

【制法与用法】将杜仲浸入盐水,30 分钟后入锅用微火炒至焦黄,取出晾干;三药同研粗末,沸水冲泡。代茶频饮。

【保健功能】补肝肾,强筋骨。用于肝肾阴虚肝阳上亢之高血压,症见腰酸、失眠、多梦、头痛、目眩等。

(6) 枸杞杜仲茶(《高血压保健食谱》)

【原料】枸杞子、绿茶各 6 g,杜仲 12 g。

【制法与用法】将杜仲和绿茶研末以袋包装,每次取 1 包,与枸杞子同放入杯中,加沸水冲泡,代茶饮用。

【保健功能】补肝肾,强筋骨,明目,降压。用于高血压肝肾阴虚患者。

4. 药酒

(1) 杜仲酒经验方(《食疗秘方》)

【原料】杜仲 35 g,白酒 500 ml。

【制法与用法】杜仲 35 g,切碎加入 500 ml 白酒内,3 天后过滤取药酒。

【服法】每次 5 ml,每日 3 次,水冲服。

【保健功能】补肝肾,强筋骨,降血压。可治高血压。

(2) 杜仲丹参酒(《心血管疾病中医食疗验方》)

【原料】杜仲 60 g,丹参 60 g,川芎 30 g,黄酒 2 升。

【制法与用法】将上药共捣碎末,用白纱布袋盛之,置入净器中,加黄酒浸泡,封口,14 天后开启,即可饮用。

【服法】每日 2 次,每次 10～15 ml。亦可在病情稳定时随时随量饮,但勿过量。

【保健功能】补肝肾,壮筋骨,活血通络。用于肝肾亏虚,血压偏高,头痛,筋骨酸痛者。

【按语】此方出于《外台秘要》,方中杜仲温肾补肝,强筋骨;丹参活血祛瘀,养血安神;川芎能活血行气,止痛。三药配合,借酒力行药势,有温脾肾,强筋骨,活血通络的功效,同时杜仲还有降血压的作用,亦可用于老年体弱,腰膝酸困,足膝痿弱,筋骨疼痛等症。

(三) 补肾安胎,固崩,调经,止带药膳

1. 主食

(1) 党参杜仲粥(《千家食疗妙方》)

【原料】党参、杜仲各 30 g,糯米 100 g。

【制法与用法】党参、杜仲用纱布包好,同糯米一起下锅,加水适量,共煮成粥即可。顿服(一次服完)。

【保健功能】补肾益气,安胎。用于妊娠胎动不安,肾虚型先兆流产、滑胎,腰酸乏力,或阴道出血。

(2) 山药固胎粥(《疾病的食疗与验方》)

【原料】生山药 90 g,川续断 15 g,杜仲 15 g,苎麻根 15 g,糯米 250 g。

【制法与用法】将川续断、杜仲、苎麻根用纱布包扎好,生山药和糯米煮粥,药包放入粥中同煮,粥烂后,取出药包,温服,分 2 次服用。

【保健功能】补肝肾、健脾胃。为治疗习惯性流产、先兆性流产的常用方。

2. 菜肴

(1) 杜仲腰花核桃(《女性常见病饮食宜忌与食疗妙方》)

【原料】猪肾 1 对,杜仲 30 g,核桃肉 30 g,盐适量。

【制法与用法】将猪肾 2 个洗净切片,杜仲 30 g,放入锅内,加水适量,武火煮沸,取汁去渣,用药汁煮猪肾和核桃肉 30 g,加少许盐即成。

【保健功能】补肾壮阳,止血调经。用于肾阳虚型功能失调性子宫出血。

(2) 杜仲川断煮鸡蛋(《家庭常用中药丛书——杜仲》)

【原料】川杜仲、川续断各 12 g,鸡蛋 2 个。

【制法与用法】将鸡蛋与杜仲、川续断同时入砂锅,加水适量煎煮,待蛋熟后剥去蛋壳再入药汤中文火慢煮。饮汤食蛋。

【保健功能】滋补肝肾,壮腰安胎。用于肝肾阴血亏虚所致的腰背酸痛,转侧屈伸不利,妊娠胎动不安,面色无华,妊娠腰痛等。

3. 汤羹

(1) 杜仲寄生鸡汤(《〈本草纲目〉养生智慧大全》)

【原料】炒杜仲 50 g,鸡腿 1 只,桑寄生 25 g,盐 1 小匙。

【制法与用法】将鸡腿剁成块,放入沸水焯烫后捞起洗净。将鸡肉、炒杜仲、桑寄生一道盛入煮锅内,加水至浸没其中所有材料为宜,以大火煮开,转小火继续煮 25 分钟,加食盐调味即可食用。

【保健功能】补肝肾、强筋骨、安胎。用于肾虚腰痛、筋骨软弱乏力、胎漏、胎动不安。

（2）党参杜仲煮龟肉（《食养食疗与常见病》）

【原料】龟肉 90 g,党参、杜仲各 30 g。

【制法与用法】龟肉切块,加水 1 000 ml 煮沸,加入党参、杜仲,文火煮至龟肉熟透服食。可连服 7～10 次。

【保健功能】益气补肾安胎。适用于气血两虚的先兆流产。

（3）鹌鹑枸杞杜仲汤（《滋阴壮阳大众食谱》）

【原料】鹌鹑 2 只,枸杞子 45 g,杜仲 10 g。

【制法与用法】将鹌鹑宰杀,用沸水烫透后去毛、内脏,清水洗净,每只切成四小块,待用。将枸杞子、杜仲洗净,放入煮锅内,加水适量,置于旺火烧开,倒鹌鹑肉块,用文火共煮 2 小时,去药渣,食肉喝汤。

【保健功能】补肝肾,益精血,助阳气,固精。适用于阳气不足,精血亏虚,身体瘦弱、阳痿、遗精、早泄、腰膝酸软、尿频遗尿,带下不止、胎动不安、头昏眼花等。

（4）参仲炖龟（《常见病自疗——常见病食疗便方》）

【原料】乌龟 1 只,党参、杜仲各 20 g,红枣 5 枚,其他调料适量。

【制法与用法】乌龟 1 只(重约 400 g)洗净切块,党参、杜仲洗净,红枣去核,同放于砂锅中,注入清水 800 ml 烧开后,撇去浮沫,加入姜片和黄酒,小火炖至酥烂,捡出杜仲,下精盐、味精、淋麻油,分 1～2 次趁热食龟肉、党参、枣,喝汤。

【保健功能】益气养血,补肾安胎。适用于习惯性流产。

（5）胎元饮（《景岳全书》）

【原料】人参 6 g,白术 20 g,熟地 25 g,当归 12 g,芍药 15 g,杜仲 15 g,陈皮 10 g,红糖适量。

【制法与用法】将上述药物洗净放入锅内,加水煎汤,去渣取汁,可入少许红糖调味。每日 1 剂频服,连用 15 天为一疗程。

【保健功能】益气养血,补肾养胎。适于妊娠后胎儿宫内发育缓慢,或时有腹部隐痛下坠等属气虚血虚,肾元耗损者。

【按语】本方出自《景岳全书》。方中人参、甘草(炙)、白术益气养脾;白芍、当归、熟地、滋阴补血;杜仲固肾安胎,陈皮理气调中,使熟地补而不腻。全方配伍,有补气养血,固肾安胎之功。

(6) 杜仲续断固胎饮(《疾病的食疗与验方》)

【原料】川杜仲 12～15 g,川续断 12 g,菟丝子 12 g,淮山药 15～30 g,阿胶 6 g。

【制法与用法】除阿胶外,上药共水煎 1 小时取汁,将药汁一部分倒入装阿胶的杯中,待溶解后,将两药混合应用。

【保健功能】本方补肝肾固胎,用于肝肾阴虚为主所致滑胎的治疗。

【按语】若有气虚者,加黄芪 15 g,升麻 6 g,党参 15 g,白术 10 g。

(7) 经验方(《食疗秘方》)

【原料】杜仲、白术、当归、阿胶、党参各 10 g。

【制法与用法】上药用水煎服,一日分 3 次服完。

【保健功能】益气养血,补肾安胎。可治胎动不安,预防流产。

(8) 经验方(《常见病食疗食补大全》)

【原料】人参 5～10 g,阿胶 15 g(烊化),杜仲、艾叶炭各 10 g。

【制法与用法】先将艾叶炭、杜仲水煎,后加入阿胶,人参另煎 1 小碗,和匀。每日 1 剂,分 2 次服完。

【保健功能】益气养血,补肾止血。用于妊娠妇女气虚,腰酸,阴道有少量出血。

4. 药酒

宜男酒(《同寿录》)

【原料】当归、茯苓、枸杞子、川牛膝、杜仲、桂圆肉、核桃肉、葡萄干各 60 g,白酒 5 000 ml。

【制法与用法】将诸药研成粗末,放入酒坛内,加酒密封,隔水加热煮

30 分钟后,取出待冷,埋入土中,7 日后取出滤渣即成。

【服法】每日服 2 次,早、晚空腹各饮 20 ml。

【保健功能】补肝肾,益精血,强筋骨,安心神。用于肝肾亏损、精血不足之男子不育、女子不孕。

【按语】"宜男"出自《北史·崔棱传》:"娄太后为博陵王纳凌妹为妃,婚夕,文宣帝举酒杯祝曰:'新妇宜男'",自此,"宜男"作为祝生儿子之词。此酒功能生精益髓,调经种子,养血故名。对肝肾亏损、精血不足之男子不育、女子不孕有调经种子的作用;对身体亏虚,精力不足,心神不宁,失眠多梦,年老体亏或未老先衰,须发早白者,常饮此酒可强壮身体,益寿延年。如欲调经种子,饮用此酒时应节房劳,待体力恢复后则可见效。

(四)补肾壮阳益智药膳

1. 主食

(1)杜仲淫羊藿山药面(《中医养生大全》)

【原料】杜仲 15 g,淫羊藿 15 g,桂圆肉 100 g,鲜山药 400 g,面条、料酒、酱油各适量。

【制法与用法】杜仲、淫羊藿用水 3 杯煎至 1 杯,滤去药渣,留汁备用。山药洗净,去皮,切段,下锅用水煮熟取出。锅内加水和桂圆肉煮沸后,将杜仲、淫羊藿汁倒入,加酱油、料酒调味,再盖锅煮,加入已煮熟的山药,搅匀下面条至熟即可。佐餐或作主食。

【保健功能】健脾补肾,养血安神。用于脾肾阳虚,气血不足。

【按语】淫羊藿补阳力较强,可温壮肾阳,杜仲与之合用可温阳暖宫;山药健脾益气,桂圆肉补心安神,以之煮面,可达补肾健脾,养血安神之功。

(2)二鹿附桂粥(《滋阴壮阳大众食谱》)

【原料】鹿角粉、鹿角胶、制附子、肉桂、炒补骨脂、炒杜仲各 15 g,粳米 200 g。

【制法与用法】将附子、肉桂、补骨脂、杜仲洗净入砂锅内,添水适量,以文火熬煮,去渣,取浓汁,待用。把粳米用清水淘洗干净,放入煮锅内,加入药汁,先用旺火煮沸,放入鹿角粉,改用文火熬至米熟时,再加鹿角胶煮沸两次即成。早晚温热食用。

【保健功能】补肾温阳,调益冲任。用于肾阳虚衰,肾精亏损,头晕耳鸣,腰软无力,畏寒,男子阳痿、妇人宫冷不孕等。

2. 菜肴

(1)杜仲酱鹅(《中国药膳大宝典》)

【原料】鹅1只,黄酱250 g,杜仲20 g,丁香、砂仁、八角茴香各3 g,甘草2 g,植物油、精盐、冰糖各适量。

【制法与用法】将鹅切成大块,放入砂锅,注入清水600 ml,煮2小时取出。将黄酱及杜仲等药料放入砂锅,翻炒均匀,再放入煮熟的鹅肉块及煮鹅的原汁适量,加盖煮至酥烂,下冰糖,溶化拌匀,铲出待冷改切成小块。单食或佐餐。

【保健功能】温补脾肾。用于脾肾阳虚,形寒肢冷,贫血,腰膝冷痛,五更泄泻。

【按语】杜仲补肝肾,丁香、八角茴香温里散寒、味香气浓,砂仁温中化湿、行气,故用上料做成的酱鹅不但具温补之性,且味道香浓可口。

(2)黄精枸杞杜仲炖野猪肉(《肾病饮食疗法》)

【原料】野猪肉200 g,黄精10 g,枸杞子15 g,杜仲10 g。

【制法与用法】将野猪肉洗净切块,黄精、枸杞子、杜仲洗净,把全部用料放入锅中,加适量的清水,用武火煮沸,文火煮至肉熟,调味即可。喝汤吃肉。

【保健功能】滋补肝肾。用于狼疮性肾炎肝肾阴虚型,症见两目干涩,五心烦热,咽干口燥,发脱齿摇,腰膝酸软或疼痛,或长期低热,颧红,盗汗,头晕耳鸣,小便短赤,大便干结,舌嫩红苔少,脉细数。

【按语】野猪肉性味甘、咸、平,功能补虚;黄精益肾补精,补气;杜仲能补肝肾,强筋骨;枸杞子能滋补肝肾。合而为汤,共奏滋补肝肾之功。

(3)芪药蒸羊肉(《中华食疗本草》)

【原料】羊肉150 g,黄芪、山药各30 g,枸杞子、菟丝子、杜仲、当归各

15 g,红枣 10 枚,海参 20 g,生姜 2 片,酱油、味精、盐、红糖、红酒各适量。

【制法与用法】将羊肉洗净切成片,海参洗净,沥干切片。将药材分别去杂洗净,一起放入布袋内,扎口备用。将羊肉片、海参片、药袋、生姜片一起放入蒸钵内,加入清水适量,放调料,上笼屉旺火烧开,文火蒸至羊肉熟透入味即可。

【保健功能】用于温补脾肾,养血安神,益气升阳。适用于腰酸腿痛、气短懒言、倦怠乏力等。

3. 汤羹

(1) 麻雀杜仲汤(《家庭食疗手册》)

【原料】麻雀 2 只,杜仲 60 g,熟地 15 g,调料适量。

【制法与用法】将麻雀烫去羽毛,除去内脏,洗净后与杜仲、熟地一起炖煮,熟后去杜仲、熟地,加调料少许,吃肉喝汤。

【保健功能】补肾壮阳,滋阴填髓。用于阴阳两虚,腰酸膝软,下肢不温,颧红骨蒸。

(2) 乳鸽汤(《家常食疗养生药膳》)

【原料】乳鸽 2 只,黄芪 10 g,枸杞 10 g,杜仲 5 g,食盐、味精少许。

【制法与用法】将乳鸽用温水焖死,去毛及内脏,洗净血水,与药物一同放入汤锅内,加入适量的水,用武火煮沸,再用文火熬 30 分钟后,加入适量的食盐、味精搅匀,即可食用。吃鸽肉、喝汤。

【保健功能】补气益血。用于气血亏虚所致头晕乏力,面色萎黄等。

【按语】俗语:"一鸽九鸡",说明鸽肉的营养价值比较高。久病虚赢少气、身体状况极差的患者,长期服用可改善体质,增强抵抗力。

(3) 乌发汤(《家庭食疗手册》)

【原料】羊肾 2 个(猪尾、猪骨亦可),枸杞子 30 g,生地 60 g,胡桃肉 60 g,杜仲 60 g,生姜 1 片。

【制法与用法】胡桃开水烫去皮;羊肾洗净切开,去白脂膜,切片,下油锅用姜片略炒起锅。把全部用料放入锅内,加清水适量,武火煮沸后,文火煲 2～3 小时,调味食用。

【保健功能】补肾益精,乌须黑发。用于肾精不足所致须发早白,腰膝酸软,筋骨无力,头晕耳鸣等。

(4) 龟杞杜仲汤(《保健·食疗药膳精典》)

【原料】龟肉去内脏留甲,切成块,约 250 g,枸杞子 15 g,杜仲 10 g。

【制法与用法】各物加水煮汤,熟后可加调味,甜咸任意,每周服 2～3 次,可常服。

【保健功能】可防治老年痴呆症,有病可治,无病可防。

(5) 杜仲羊肾囊(验方)(《家庭常用中药丛书——杜仲》)

【原料】杜仲 30 g,红参 6 g,羊肾 4 枚,大蒜 50 g。

【制法与用法】将红参蒸软,切薄片备用;杜仲加水煎 2 次,取 2 次煎汁备用;羊肾去脂膜,加水煮沸后倒去水,放入大蒜和杜仲煎汁,红参片也并放入。煮至羊肾熟,放盐、味精调味即成。吃羊肾、大蒜、红参片,喝汤。每日一次,佐餐。

【保健功能】益气温阳,通利经脉。用于腰痛俯仰不利,转侧不能,病程较长,面色苍白,神疲形衰。

4. 药酒

(1) 仙灵酒(《奇方类编》)

【原料】仙灵脾 120 g,当归 60 g,金樱子 500 g,川芎 30 g,巴戟天 30 g,牛膝 30 g,菟丝子 60 g,肉桂 30 g,破故纸 60 g,沉香 15 g,小茴香 30 g,杜仲 30 g,白酒 1 000 g。

【制作】将上药捣成粗末,用白纱布袋盛之,置于净器中,再入白酒浸泡之,加盖。然后将净器放入锅中,隔水加热约 1 小时,取出净器,密封,7 日后开封,过滤装瓶备用。

【服法】每日 2 次,每次 15～30 ml,早晚空腹温服。

【保健功能】补肾壮阳,固精,养血,强筋骨。用于腰膝无力,下元虚冷,行走无力,阳痿,遗精,泄泻等症。

【按语】方中仙灵脾、巴戟天、菟丝子、破故纸、牛膝、肉桂、杜仲补肾壮阳,强筋骨;金樱子补肾固精;当归、川芎善补血活血;沉香、小茴香理气,兼引药下行。诸药合而制酒,有补肾壮阳、固精、养血、强筋骨的功效,服后能治疗腰膝无力,下元虚冷,行走无力,阳痿,遗精,泄泻等症。原书谓饮用该酒可"广嗣延年",中老年肾阳亏损,气血不足者可以此酒作为食疗常服。

(2)保真酒(《证治准绳》)

【原料】鹿角胶 15 g,杜仲 40 g,巴戟天 40 g,远志 40 g,山药 40 g,五味子 20 g,茯苓 24 g,熟地 40 g,肉苁蓉 40 g,沉香 10 g,山茱萸 24 g,川楝子 15 g,益智仁 30 g,补骨脂 50 g,葫芦巴 70 g,白酒 2 000 g。

【制作】上药洗净,共研极细末,入酒中浸泡,30 日后过滤,去渣留液,装瓶备用。

【服法】每日 1 次,每次 5～10 ml,睡前饮用最佳。

【保健功能】温肾补精,壮阳养精。用于肾元亏损,阳痿不振,精冷无子,梦中滑泄,肢软无力。

【按语】此方系明代王肯堂所制。总观全方,以温补少阴为主,兼顾厥阴太阴。该酒对于元阳虚乏、阳痿不举、精寒无子者,饮用最为适宜。

(3)黄芪杜仲酒(《太平圣惠方》)

【原料】黄芪 30 g,萆薢 45 g,防风 45 g,牛膝 60 g,桂心 30 g,石斛 60 g,杜仲 45 g,肉苁蓉(去皮,炙于)60 g,制附子 30 g,山茱萸 30 g,石楠 30 g,白茯苓 30 g,酒 1 750 g。

【制作】上 12 味,共捣为粗末,用白纱布袋盛之,置净器中,入酒浸泡,密封。3 日后开启,去掉药袋,过滤后装瓶备用。

【服法】每日 3 次,每 10～20 ml,食前温饮。

【保健功能】温补督阳,强腰膝。用于肾阳虚损,气怯神疲,腰膝冷痛,阳痿滑精。

(4)山萸苁蓉酒(《百病中医药酒疗法》)

【配方】山药 25 g,肉苁蓉 60 g,五味子 35 g,炒杜仲 40 g,川牛膝、菟丝子、白茯苓、泽泻、熟地黄、山萸肉、巴戟天、远志各 30 g,白酒 2 000 ml。

【制作】将前 12 味捣碎,入布袋,置容器中,加入白酒,密封。浸泡 5～7 天后,过滤去渣即成。

【保健功能】滋补肝肾。适用于肝肾亏损、头昏耳鸣、怔忡健忘、腰脚软弱、肢体不温等证。

(5) 宁杞杜仲酒(《百病饮食自疗》)

【原料】宁枸杞 30 g,杜仲 30 g,白酒 500 ml。

【制作】将上药浸于酒中,5 日后即可取用。

【服法】每日服 2 次,每次服 15～30 ml。

【保健功能】补肾养肝,生精益血。用于肝肾亏虚,腰膝酸软,精力减退,须发早白、遗精阳痿。

【按语】此酒枸杞、杜仲相伍,又以酒载行,故其补肝肾、生精血之功更著。凡诸老年体衰、腰膝酸软无力,视物昏花;中年肝肾不足,精力减退,须发早白、遗精阳痿;妇女月经量多,经期前后不定、头晕目眩等症,皆可选用。将其用作养生保健之品,亦很合适。

(6) 菟虾酒(《医学指南》)

【原料】菟丝子 120 g,明虾(干)120 g,胡桃肉、杜仲、续断、炒巴戟、枸杞子、牛膝、骨碎补各 60 g,白酒 10 L。

【制作】将前 10 味药研成粗末,装入细纱布袋并扎紧袋口,放进大酒坛内,加酒后焖煮 90 分钟,待冷后密封浸泡 5 日,启封过滤即成。

【服法】每日早、晚各服 1 次,每次 10～20 ml。酒尽后,可用酒渣晒干为末,炼蜜为丸,每丸重 6 g,每日早、晚各用白酒或白开水送服 1 丸。

【保健功能】补益肝肾,强筋壮阳,通利血脉。肝肾亏损之阳痿、遗精、遗尿、尿频、头眩耳鸣及腰酸背痛,足膝酸软,筋骨疼痛。

【按语】本方出自《医学指南》,原方中有棉籽仁、朱砂,棉籽仁有致男性不育之弊,朱砂亦可析出水银而伤身体,因此去此二味。如系年老命门火衰、畏寒肢冷,酒中可加肉桂、附子。唯对食虾过敏及阴虚火旺之人则应禁忌,以免增病。

（7）甘露酒（《寿世编》）

【原料】熟地黄 60 g,桃仁 60 g,枸杞子 60 g,当归 60 g,龙眼肉 60 g,杜仲 60 g,葡萄干 60 g,红枣肉 60 g,白酒 5 000 g。

【制法】将上药捣为粗末,用白纱布袋盛之,置于净器中,入白酒浸泡,封口,14 日后开启,去掉药袋,过滤装瓶备用。

【服法】每日 3 次,每 10～15 ml,空腹温饮。

【保健功能】补肝肾,养精血,安心神。用于腰膝酸软,精神不振,倦怠乏力,面色憔悴,怔忡心悸,失眠健忘等症。

（8）长春酒（《清宫秘方》）

【原料】天冬(去心)30 g,麦冬(去心)30 g,熟地 45 g,山药 40 g,牛膝 70 g,杜仲 70 g,山茱萸 30 g,茯苓 30 g,人参 10 g,木香 15 g,柏子仁 40 g,五味子 24 g,巴戟天 45 g,川椒 9 g,泽泻 40 g,石菖蒲 30 g,远志 30 g,菟丝子 45 g,肉苁蓉 120 g,枸杞子 100 g,覆盆子 459 g,地骨皮 40 g,白酒 1 750 g。

【制法】上述诸药,洗净后研成细粉,混拌。然后用白纱布 3 层作袋装入药粉,扎口,置入酒中,密封。浸泡 30 余日,过滤,去渣留液,装瓶备用。

【服法】每日 1 次,每次 5～15 m,临睡前饮用。

【保健功能】补虚损,壮筋骨,调阴阳。用于肾阳肾阴俱损,体倦腰困,神衰力弱,及老年妇女阴道出血。

【按语】本方系清宫慈禧太后、光绪皇帝所用的长春益寿丹,久服缓饮,持之以恒,能乌发须,壮精神,健步履。

5. 其他

（1）茸桂百补膏（《滋阴壮阳大众食谱》）

【原料】鹿茸 3 g,肉桂、萸肉、冬术、茯神、牛膝各 45 g,熟地 75 g,枸杞 50 g,菟丝子、杜仲、当归、巴戟天、苁蓉各 30 g,甘草、人参各 15 g,蜂蜜 300 g。

【制法】先将人参与鹿茸另置,和其他药材分别用清水洗净,再用清水泡发,入锅煎煮 1 小时后取浓汁再加水续煎,如此反复多次,煎至药材无味为度。把两种全部汁合并,入锅继续加热浓缩至较稠厚时加入蜂蜜,熬炼至滴水成珠为度,入瓶,备用。

【服法】每服 9 g,每日 2 次,开水化服。

【保健功能】培元壮阳,填精补髓,养心健中、对于下元虚惫,肾阳不充,肝血不足,心脾两虚而见腰膝酸软,阳痿早泄,神困体倦,筋骨不舒,健忘失眠,羸弱诸虚等症,均有较好的疗效。

(2) 右归膏(《滋阴壮阳大众食谱》)

【原料】熟地 120 g,山药 65 g,枸杞 70 g,杜仲、鹿角胶、菟丝子各 60 g,萸肉、当归各 45 g,附片、肉桂各 30 g,蜂蜜 450 g。

【制法】将鹿角胶洗净放入砂锅内,加水适量,置于文火上烊化待用。把上述各味中药材清洗干净后,加水适量浸泡 1 小时,再置于旺火上烧开,以文火煎煮,每隔 1 小时左右滤取煎汁一次,加水再煎,共取煎汁 3 次,将其煎汁合并,继续熬炼至稠厚状时,加入烊化好的鹿角胶,再熬煮片刻,加入蜂蜜,熬炼至滴水成珠为度,离火冷却后,装入瓶内。

【服法】每服 1～2 汤匙,每日早晚各服 1 次,温开水调服。

【保健功能】温肾壮阳,养血填精。适用于肾阳不足,年迈体衰,或未老先衰,腰膝酸软,畏寒肢冷,大便溏薄,小便频频而清,神疲气少,饮食不振,阳痿早泄,遗精滑精,宫寒不孕等症。

(五) 消炎止痛杜仲膳

(1) 杜仲白芷(《家庭常见病食疗与宜忌早知道》)

【原料】杜仲 10 g,白芷 20 g,红花 6 g,粳米 250 g。

【制法与用法】杜仲、白芷烘干,打成细粉,红花洗净待用,粳米洗净。将粳米放入锅内,加水 800 ml,置武火烧沸,加入杜仲粉、白芷粉、红花煮 4 分钟即成。每日 1 次,早餐食用。

【保健功能】活血通经,消肿止痛。用于三叉神经痛。

(2) 金钱草饮(《女性常见病饮食宜忌与食疗妙方》)

【原料】金钱草 60 g,杜仲 30 g,木通 12 g,白糖适量。

【制法与用法】将金钱草 60 g 杜仲 30 g,木通 12 g,加水煎汤,去渣取汁,加白糖适量调味。上为一日量,代茶饮,连服 10 天为一疗程。

【保健功能】清热渗湿,通脉止带。适于慢性盆腔炎,带下量多,证属湿热壅阻者。

(3) 两面针茶(《家庭常见病食疗与宜忌早知道》)

【配方】两面针 3 g,五加皮 9 g,杜仲 15 g,磨盘草根 15 g,白糖 15 g。

【制法与用法】上述 4 味药物洗净,放炖锅内,加入水 200 ml,置武火上烧沸,再用文火煮 25 分钟。除去药渣,在药液内加入白糖拌匀即成。代茶饮用。

【保健功能】清热解毒,滋补肝肾,镇静止痛。用于三叉神经头痛患者饮用。

(4) 中药泡酒治坐骨神经痛(《家庭常见病食疗必读》)

【配方】大红枣 36 枚,杜仲 50 g,灵芝 50 g,冰糖 400 g,高粱酒 1 500 ml。

【制法与用法】将大红枣、杜仲、灵芝、冰糖四者放入高粱酒中,密封浸泡 1 周即可。每天早晚各饮 1 次,每次饮用 10 ml。喝完后可用药渣再泡 1 次,一般饮用 1 个月可基本好转,连饮 3 个月可基本痊愈。

【保健功能】强筋健骨。用于坐骨神经痛。

三、 杜仲外用保健方

(1) 脐贴(《〈本草纲目〉养生智慧大全》)

【原料】苎麻根 20 g,杜仲 30 g,补骨脂 20 g。

【制法与用法】上药共研细末,用水调敷脐部。每日换药 1 次,连用 3 天。

【保健功能】此方能治肾亏气虚,冲任不固导致的先兆流产。

(2) 经验方(《养生益寿宝典》)

【原料】杜仲 25 g,补骨脂 30 g。

【制法与用法】取杜仲、补骨脂共研细末,以茶叶水调敷脐部,每日换药

1 次,连敷 5～7 天。

【保健功能】适应于肾气亏损、冲任不固所致的胎动不安。

(3) 再造膏(《全国中药成药处方集》)

【原料】细辛 1 两 5 钱,生黄芪 2 两 3 钱,生杜仲 1 两 5 钱,羌活 8 钱,茯苓 1 两 5 钱,怀牛膝 1 两 5 钱,防风 1 两 5 钱,甘草 1 两 2 钱,生白芍 1 两 5 钱,川芎 1 两 5 钱,人参(去芦)1 两 5 钱。

【制法与用法】以上药料用香油 7.5 kg,炸枯去滓滤净,炼至滴水成珠,再入章丹 90 两搅匀成膏。每膏药油 7.5 kg 兑肉桂面(粉)1 两 2 钱、麝香 1 钱 5 分,搅匀。每大张净油 8 钱,每小张净油 5 钱。男子贴气海穴(即肚腹),女子贴关元穴(即脐下),腰腿疼痛贴患处。

【保健功能】补气固精,养血散寒。用于男子遗精,妇女血寒,赤白带下,腰酸腿疼,身体瘦弱。

(4) 固齿将军散(《景岳全书·卷五十一》)

【原料】锦纹大黄(炒微焦)10 两,杜仲(炒半黑)10 两,青盐 4 两。

【制法与用法】上为末。每日清晨擦漱,火盛者咽之亦可。

【保健功能】牢牙固齿。用于牙痛牙伤,胃火糜肿。

参考文献

[1] 王永恭.自拟天麻杜仲汤治疗老年性高血压 90 例[J].实用中医内科杂志,2007(06):49-50.

[2] 李武明,何玉香,谭元生.复方杜仲降压片治疗高血压病 45 例分析[J].中医药学刊,2004(02):331-332.

[3] 杨瑞龙,李妍怡.复方杜仲片治疗高血压病疗效观察[J].中国中医药信息杂志,2003(05):52-53.

[4] 顾洪丽.天麻钩藤汤治疗原发性高血压随机平行对照研究[J].实用中医内科杂志,2013,27(23):10-12.

[5] 王来,杨涛.降压饮治疗轻中度高血压病[J].中国民间疗法,2014,22(10):65.

[6] 康存战,高社干,陈虹,等.杜仲口服液治疗高血压病高脂血症疗效观察[J].中医药学刊,2004(05):837-839.

[7] 陈曦.天仲八味降压方联合苯磺酸左旋氨氯地平片治疗原发性高血压病 40 例[J].

中医研究,2016,29(09)：31-33.

[8] 王夏叶.强力天麻杜仲胶囊治疗高血压病肝阳上亢症疗效观察[J].黑龙江中医药,2004(04)：5.

[9] 黄源鹏,吴锦发,陈治卿.补肾活血法治疗老年性高血压病的临床研究[J].福建中医学院学报,2007(02)：3-5.

[10] 陈秀慧,张洁,黄坚红,等.通络Ⅳ号联合西药治疗脑梗死急性期随机平行对照研究[J].实用中医内科杂志,2013(08)：42-45.

[11] 唐红敏,杨云柯,顾喜喜,等.强力天麻杜仲胶囊治疗慢性脑供血不足研究[J].中成药,2006(06)：827-830.

[12] 田朝霞,杨连升.杜蛭丸治疗中风150例[J].陕西中医,2006(07)：820-822.

[13] 徐慕娟.冠心Ⅱ号对人颈动脉粥样硬化斑块血NO、NOS、SOD的影响[D].广东：广州中医药大学,2007.

[14] 陈绍华,蔡秀水.独活杜仲寄生汤治疗腰椎间盘突出症92例总结[J].湖南中医杂志,2015,31(09)：72-73.

[15] 付抚东,喻国华.杜仲强腰汤治疗肾虚血瘀型腰椎间盘突出40例[J].中药药理与临床,2015,31(02)：89-91.

[16] 张凤娥.益肾壮腰汤治疗腰椎间盘突出症疗效分析[J].湖南中医学院学报,2000(01)：68.

[17] 陈天顺,陈鲁峰,张来顺,等.复方杜仲片治疗腰椎间盘突出症80例[J].福建中医药,2017,48(05)：48-49.

[18] 杨启光,于涛,高辉.正腰伸筋膏治疗气滞血瘀型腰椎间盘突出症[J].长春中医药大学学报,2014,30(06)：1127-1129.

[19] 吴永威,杨春雷.健骨散治疗绝经后妇女骨质疏松症76例[J].中医药信息,2002(03)：60.

[20] 宋朋飞.杜仲补肾健骨汤联合温针灸治疗骨质疏松症68例[J].中医研究,2019,32(09)：21-24.

[21] 董其武.活络健骨方治疗老年性骨质疏松症临床观察[D].贵阳：贵阳中医学院,2010.

[22] 马建,马丽娜,赵永法,等.杜仲饮子治疗甲亢性骨质疏松临床观察[J].四川中医,2018,36(04)：131-133.

[23] 马定耀,尹苏平,付晓蕾.骨碎补和淫羊藿配伍杜仲治疗骨质疏松症的疗效观察[J].中国民族民间医药,2018,27(13)：89-90.

[24] 王和鸣,葛继荣,殷海波,等.复方杜仲健骨颗粒治疗膝关节骨性关节炎400例临床观察[J].中国中西医结合杂志,2005(06)：489-491.

[25] 向开兴,肖建军.杜仲灵仙汤治疗骨性关节炎88例体会[J].湖南中医药导报,2004(11)：36-40.

[26] 胡永红,赖先阳,刘沛霖.自拟消骨痛汤治疗骨关节炎疼痛的疗效探讨[J].现代康

复,2001,10：128.

[27] 何云洲.自拟生脉杜仲汤治疗颈椎病 100 例[J].中国民间疗法,2010,18(01)：25.

[28] 张玉刚,黄万成.手法加服杜仲汤治疗颈椎病 126 例[J].中国民间疗法,2002 (08)：28.

[29] 陈宗福,刘庆洪,任乃勇.强力天麻杜仲胶囊治疗颈源性头痛的随机对照试验[J]. 现代中西医结合杂志,2007(29)：4287-4288.

[30] 李杰,魏启明.活血通络汤结合牵引治疗强直性脊柱炎的临床研究[J].大家健康 (学术版),2014,8(06)：15.

[31] 李云.独活寄生汤配合西药治疗强直性脊柱炎 32 例[J].陕西中医,2011,32(08)： 975-976.

[32] 张梅红,徐向孜,邵辉,等.舒督饮治疗强直性脊柱炎 40 例临床观察[J].新中医, 2008,10：34-35.

[33] 王熙国.独活寄生汤配合杜仲酒治疗腰痛 84 例[J].中国中医药现代远程教育, 2012,10(10)：26-27.

[34] 袁开富.自拟杜仲方治疗腰痛[J].中华中西医杂志,2003,4(8)：1229-1229.

[35] 梁伯进.柴杜汤治疗慢性腰肌劳损 120 例[J].湖南中医杂志,2002(04)：17.

[36] 赵明.马钱子杜仲外敷治疗慢性腰肌劳损 180 例[J].中国民间疗法,2003(07)：28-29.

[37] 王军,魏齐,马巧玲.三圣汤加减配合雷火灸治疗老年顽固性腰背痛 52 例[J].陕西 中医,2012,33(08)：1011-1012.

[38] 林惠红.杜仲片治疗老年骨质疏松性胸腰段椎体骨折临床研究[D].福州：福建中 医药大学,2015.

[39] 方浡灏,许超,庞卫祥,等.复方杜仲健骨颗粒治疗骨质疏松性桡骨远端骨折 30 例 [J].陕西中医药大学学报,2018,41(03)：41-43,49.

[40] 杨新玲,宋晓莉.独活寄生汤治疗类风湿性关节炎 68 例[J].陕西中医,2010,31 (04)：439-440.

[41] 向彩春,熊清玓,吴金玉.补肾汤配合西药治疗类风湿关节炎 40 例[J].陕西中医, 2009,12：1614-1616.

[42] 许廷生,梁秀兰,黄子冬.杜仲川归汤治疗坐骨神经痛 78 例[J].河南中医,2010,30 (07)：693-694.

[43] 郝芬兰.自拟杜仲乌戟汤治疗坐骨神经痛 126 例[J].四川中医,2008(11)：86.

[44] 郭永忠,李选民,梁勇,等.足跟痛方治疗足跟痛 120 例[J].陕西中医,2012,33 (04)：458,470.

[45] 韩茂军,吴俊强,高振东.立安汤治疗跟痛症 56 例疗效观察[J].中华实用中西医杂 志,2006,19(1)：56-56.

[46] 周春东,杨泽红.中药治疗跟骨高压症[J].中国骨伤,2001,04：42.

[47] 王金国,房经武,闫秀中,等.杜仲补肾健骨颗粒对激素性股骨头缺血性坏死的疗 效及血清 P I NP、BGP、VEGF、TGF-β1 和骨密度影响的研究[J].中国医刊,

2017,52(06)：36-39.

[48] 林娜,吕绍光.白术杜仲合剂安胎疗效的临床观察[J].光明中医,2015,30(05)：975-977.

[49] 李乐秀.滋肾育胎汤治疗习惯性流产 145 例[J].陕西中医,2002(05)：403.

[50] 李艳玲.寿胎丸合举元煎治疗胎漏胎动不安 60 例[J].现代中医药,2008,02：34-35.

[51] 李立凯.保胎饮加减治疗先兆流产 36 例[J].陕西中医,2003(05)：397.

[52] 杜会敏.寄生安胎饮治疗习惯性流产 52 例[J].河南中医学院学报,2009,04：89-90.

[53] 何晓娥.中西医结合治疗先兆流产及习惯性流产 96 例[J].现代中医药,2005(04)：15.

[54] 刘锐,阎乐法,刘峰,等.调免 1 号治疗抗生殖抗体所致反复自然流产 47 例疗效观察[J].新中医,2006(05)：30-31.

[55] 李晓曦,郑鸿雁.归肾丸加减治疗月经过少 33 例临床观察[J].长春中医药大学学报,2008(03)：318.

[56] 段玮玮,夏阳.右归丸加减治疗月经过少 56 例[J].陕西中医,2007(11)：1464-1465.

[57] 刘丽英,刘俏华,毛春桃.归肾丸治疗人工流产术后月经减少随机平行对照研究[J].实用中医内科杂志,2014,28(2)：22-24.

[58] 于涛,王树林,于丽军.益肾止崩汤治疗崩漏 50 例疗效观察[J].北京中医,2003(03)：32-33.

[59] 陈小莉,吴东旭,郭一彪,等.陈皮杜仲水在预防卵巢过度刺激综合征中的临床应用[J].中医临床研究,2018,10(36)：76-78.

[60] 杨敬改.温阳补肾助孕汤治疗不孕症 30 例[J].陕西中医,2008(03)：280-281.

[61] 孟玉红,何健超,周灵芝.暖宫孕子丸治疗无排卵性不孕临床观察[J].中医学报,2012,09：1194-1195.

[62] 杨辰华,张社峰.糖肾宁胶囊联合培哚普利治疗早期糖尿病肾病 30 例[J].中医研究,2014,27(02)：25-27.

[63] 许文娟,李秋景,黄雪红,等.益骨散治疗慢性肾功能不全失代偿期合并肾性骨病 20 例[J].环球中医药,2011,4(06)：473-474.

[64] 方海娇,李庆伟.补肾降白汤治疗肾虚慢性肾炎蛋白尿随机平行对照研究[J].实用中医内科杂志,2014,28(10)：20-22.

[65] 陈琳,喻明,曹玉莉.强力天麻杜仲胶囊联合甲钴胺治疗糖尿病周围神经病变观察[J].中成药,2012,34(08)：1451-1455.

[66] 窦维华,刁丽梅.补肾活血汤治疗帕金森病的临床研究[J].长春中医药大学学报,2010,26(04)：501-502.

[67] 王丽芳,张婕,贺莉,等.舒筋活络醒脑颗粒对痉挛型脑性瘫痪儿步态的影响[J].

陕西中医,2012,11：1455-1457.

［68］史中州.地黄杜仲汤治疗慢性粒细胞性白血病80例[J].光明中医,2008(06)：792-
793.

［69］郑大斌,吕国宏.地黄杜仲汤联合西药治疗慢性粒细胞性白血病随机平行对照研
究[J].实用中医内科杂志,2013,27(07)：129-130.

［70］方颖,胡金辉,杨争,等.补肾活血汤联合唑来膦酸治疗乳腺癌骨转移的临床研究
[J].湖南中医药大学学报,2015,35(09)：55-57.

［71］赵红胜,全秋芬,赵琼琼.针药并用治疗慢性非细菌性前列腺炎58例[J].中医研
究,2012,25(05)：53-54.

［72］张二峰,邵丽黎.中西医结合治疗迟发性睾丸功能减退36例[J].中医研究,2012,
11：36-38.

［73］黄腾,许尤佳.升阳益肾汤治疗小儿哮喘(肾阳虚型)合并过敏性鼻炎30例疗效观
察[J].新中医,2007,10：8,50-52.